梵净致用文库

铜仁学院"三金"建设研究子项目
"梵净文库"教材建设资助项目

植物组织培养技术

U0184361

主　编　付素静

副主编　高宇琼　胡佳佳

重庆大学出版社

内容提要

本教材根据以学生为中心的教育思想,按照组织培养生产岗位与职业能力的要求,设计了 4 个部分 14 个任务,在每一个任务后面都有检测题和相关知识点,便于学生更好地完成任务。在任务学习之前,本教材设置了第一部分,讲解任务驱动教学法的基本理论和植物组织培养的理论知识,使学生在执行任务之前理解植物组织培养的基本原理和概念;第二部分"基础技能"含有 8 个任务,每个任务下含若干小任务以供任课教师根据实际情况选择;第三部分"技能应用"含有 2 个任务,每个任务下包括 5 个小任务,涵盖了从外植体的选择到试管苗移栽、管理的全过程,是对前面的基本技能的完整应用,让学生更熟悉组织培养的整体过程;第四部分"综合提升"含有 4 个任务,需要学生参与实验设计,属于综合设计性实验任务,重点培养学生团结协作、创新等能力,以学生获得单独开展科学研究和生产的能力为最终目的。

在每个任务后面有检测与应用部分、相关知识点,这些碎片化的知识点与任务紧密相关,学生如果要完成任务就必须进行相关知识的学习,从而让学习成为主动的过程;而这些碎片化的知识点通过技能应用和综合提升串起来,形成完整的知识链。

本教材适用于林业类、农业类等有关专业的教学,也可作为工厂化生产企业技术人员的参考用书。

图书在版编目(CIP)数据

植物组织培养技术 / 付素静主编. -- 重庆 : 重庆
大学出版社,2023.1
ISBN 978-7-5689-3688-0
Ⅰ. ①植… Ⅱ. ①付… Ⅲ. ①植物组织—组织培养—
高等学校—教材 Ⅳ. ①Q943.1

中国国家版本馆 CIP 数据核字(2023)第 001019 号

植物组织培养技术
ZHIWU ZUZHI PEIYANG JISHU

主 编 付素静
副主编 高宇琼 胡佳佳
策划编辑:林青山 张 婷

责任编辑:鲁 静 版式设计:张 婷
责任校对:王 倩 责任印制:赵 晟

*

重庆大学出版社出版发行
出版人:饶帮华
社址:重庆市沙坪坝区大学城西路 21 号
邮编:401331
电话:(023) 88617190 88617185(中小学)
传真:(023) 88617186 88617166
网址:http://www.cqup.com.cn
邮箱:fxk@ cqup.com.cn(营销中心)
全国新华书店经销
重庆市正前方彩色印刷有限公司印刷

*

开本:787mm×1092mm 1/16 印张:11.25 字数:296 千
2023 年 4 月第 1 版 2023 年 4 月第 1 次印刷
ISBN 978-7-5689-3688-0 定价:38.00 元

前　言

　　组织培养课程具有很强的实践性,是林业类、农业类专业学生的后续实践课程,具有承上启下的重要作用。目前,在高校的植物组织培养课程教学中,传统的教学方式仍占据着主导地位。随着时代的发展、信息化环境的变迁,新时期的高校人才培养模式已悄然转变,传统教学方法的弊端不断显现,如忽略学生的主体地位、忽视对学生综合能力的培养、师生之间缺乏互动、课堂沉闷、课程挑战度低、创新性低等问题普遍存在。中国共产党第二十次全国代表大会报告指出,要实施科教兴国战略,全面贯彻党的教育方针,落实立德树人的根本任务,培育创新文化,加快建设国家战略人才力量。为提升学生参与植物组织培养课程的动力、满足发展素质教育的独特育人价值的教育要求,无论是在课程教学理念上还是在教学方法上,植物组织培养课程教学都应体现"以人为本""以学生为中心"的教学理念。任务驱动教学法作为一种体现人本教育的教学方法,与高等教育课程改革所追求的思想性、科学性、时代性的教育理念不谋而合。任务驱动教学法可帮助学生明确教学目标,激发学生的学习主动性,提高学生的实践能力,因此它在高校植物组织培养课程的教学应用中具有一定的价值。本教材尝试以任务驱动教学法的应用为视角,将"以生为本"理念深入教学实际、体现学生的主体地位,以提升课程教学效果,为卓越农林人才的培养提供契机。

　　本教材是铜仁学院 2018 年一流本科教育专项项目"梵净文库"应用型校本教材建设项目(JG—2018045)和"参与式教学下《植物组织培养》课程评价的改革与实践——以园林专业为例"(JG—2018030)的成果。本教材打破传统的学科知识传授体系,以任务为载体,以能力培养为核心,以生产岗位和职业能力为目的,以学生为中心,从理论基础、基础技能、技能应用、综合提升共 4 个部分 14 个任务,循序渐进地训练学生的组织培养技术,其中理论基础包括任务驱动教学法的相关理论和组织培养的理论基础,该部分的理论基础只包含发展简史和基本概念;基础技能部分包括实验室的设计、培养基的配制及灭菌、外植体的选择和消毒、外植体的接种和初代培养、继代培养、花药的离体培养、生根诱导、炼苗移栽及管理共 8 个任务,每个任务下含一至多个小任务,供任课教师根据实际情况选择;技能应用部分精心挑选了梵净山野百合和高山杜鹃为培养对象分别进行愈伤组织和丛生芽的诱导,既考虑了操作的可行性,也具有代表性,每个任务下又包括 5 个小任务,涵盖了从外植体的选择到试管苗移栽管理的全过程,可以说是对前面的基本技能的完整应用,让学生更熟悉组织培养的整体过程;综合提升部分是对前面技能的综合应用,以小组合作的形式进行,需要对外植体的选择进行论证、设计实施方案,包括培养基的设计、消毒剂的选择等,主要培养学生单独开展科学研究和生产的能力。在每个任务的后面还有检测与应用部分、相关知识点,这些碎片化的知识与任务紧密相关,如果要完成任务就必须

进行相关知识的学习,从而让学习变为主动的过程,而这些碎片化的知识点又通过技能应用和综合提升串起来,形成完整的知识链。

　　为了充分发挥各自的专长,本书编写采用分工的方式完成,具体分工如下:付素静负责第二部分"基础技能"、第三部分"技能应用"的编写工作及全书统稿,胡佳佳负责第一部分"理论基础"的编写,高宇琼负责第四部分"综合提升"的编写。

　　在教材的编写过程中张艳琴、龙雯芳、谭猛参与了书稿的校对工作,文中引用了部分资料和图片,在此一并表示感谢!

　　由于时间仓促、编者水平有限,错误遗漏在所难免,恳请读者批评指正!

编　者

2022 年 4 月

目 录

第1部分 理论基础

1.1 任务驱动教学法概论 ……………………………………………… 1

1.1.1 任务驱动教学法 …………………………………………… 1

1.1.2 任务驱动教学法的课堂组织及实施原则 ……………………… 6

1.1.3 任务驱动教学法的优点 …………………………………… 9

1.1.4 任务驱动教学法的注意事项 ……………………………… 10

参考文献 ……………………………………………………………… 11

1.2 组织培养理论基础 …………………………………………… 12

1.2.1 植物组织培养的发展简史 ………………………………… 12

1.2.2 应用前景 ………………………………………………… 16

1.2.3 展望及新技术 …………………………………………… 19

1.2.4 基本概念 ………………………………………………… 21

1.2.5 基本原理 ………………………………………………… 22

参考文献 ……………………………………………………………… 30

第2部分 基础技能

任务1 组织培养实验室的设计 …………………………………… 32

任务2 培养基的配制及灭菌 ……………………………………… 38

任务2-1 MS母液的配制 ………………………………………… 38

任务2-2 MS基本培养基的配制(母液法) ……………………… 41

任务2-3 WPM完全培养基的配制(干粉法) …………………… 43

任务3 外植体的选择和消毒 ……………………………………… 54

任务3-1 土人参叶片的选择、消毒与接种(初代培养) ………… 54

任务3-2 姬星美人茎段的选择、消毒与接种(初代培养) ……… 56

任务4 外植体的接种和初代培养 ………………………………… 68

任务4-1 常见草本观赏植物的初代培养(以景天科植物长寿花为例) …… 68

任务4-2 常见木本观赏植物的初代培养(以茶树侧芽、顶芽为例) ……… 69

任务 4-3　常见木本观赏植物的初代培养(茶树胚愈伤组织的诱导) ……… 71
任务 4-4　菊花茎尖的剥离与培养 ……………………………………… 73
任务 5　继代培养 ……………………………………………………… 83
任务 5-1　愈伤组织的继代培养 ……………………………………… 83
任务 5-2　梵净山石斛丛生芽的诱导及增殖 ……………………… 85
任务 6　月季花药的离体培养 ………………………………………… 89
任务 7　梵净山石斛生根诱导 ………………………………………… 93
任务 8　梵净山石斛苗的炼苗移栽及管理 ………………………… 99
参考文献 ……………………………………………………………… 103

第 3 部分　技能应用

任务 9　梵净山野百合鳞茎愈伤组织的诱导及植株再生 …………… 108
任务 9-1　培养基的配制及灭菌(母液法) ………………………… 108
任务 9-2　梵净山野百合外植体的选择和消毒及初代培养 ……… 110
任务 9-3　梵净山野百合愈伤组织的继代培养 …………………… 112
任务 9-4　梵净山野百合组培苗的生根诱导 ……………………… 113
任务 9-5　梵净山野百合组培苗炼苗、移栽及管理 ……………… 115
任务 10　梵净山高山杜鹃丛生芽的诱导及植株再生 ……………… 128
任务 10-1　梵净山高山杜鹃丛生芽的诱导中各培养基的配制及灭菌 …… 128
任务 10-2　高山杜鹃外植体的选择、消毒及初代培养 …………… 129
任务 10-3　高山杜鹃丛生芽的继代培养 …………………………… 131
任务 10-4　高山杜鹃的生根诱导 …………………………………… 132
任务 10-5　高山杜鹃组培苗的炼苗、移栽及管理 ………………… 134
参考文献 ……………………………………………………………… 136

第 4 部分　综合提升

任务 11　梵净山蔷薇科观赏植物无菌体系的建立(腋芽萌发) ……… 137
任务 11-1　梵净山蔷薇科观赏植物无菌体系的建立——方案设计 … 137
任务 11-2　梵净山蔷薇科观赏植物无菌体系的建立——方案实施 … 143
任务 12　梵净山多肉植物愈伤组织的诱导 ………………………… 147
任务 12-1　梵净山多肉植物愈伤组织的诱导——方案设计 …… 147
任务 12-2　梵净山多肉植物愈伤组织的诱导——方案实施 …… 148
任务 13　梵净山菊科植物丛生芽的诱导 …………………………… 156
任务 13-1　梵净山菊科植物丛生芽的诱导——方案设计 ……… 156
任务 13-2　梵净山菊科植物丛生芽的诱导——方案实施 ……… 158
任务 14　梵净山兰科植物的组织培养 ……………………………… 162
任务 14-1　梵净山兰科植物的离体快繁——方案设计 ………… 162
任务 14-2　梵净山兰科植物的离体快繁——方案实施 ………… 164
参考文献 ……………………………………………………………… 172

第1部分 理论基础

1.1 任务驱动教学法概论

　　任务驱动教学法起源于 20 世纪 70 年代的交际语言教学中一种强调"做中学"的教学理念,是交际教学思想的发展和延伸。其最先应用于国外的语言教学领域,20 世纪 80 年代最早在美国兴起。经过美国学界多年的研究,对任务型教学各方面的研究相对成熟,而通过国外教育学家、语言学家们的共同努力,现已形成了较为全面的理论体系。中国最早进行任务型教学研究的是吴旭东教授,他提出了英语学习的任务难度确定原则。次年,夏纪梅等人(1998 年)在论文《"难题教学法"与"任务教学法"的理论依据及其模式比较》中,最早提出了关于任务的外语教学概念。2003 年,龚亚夫与罗少茜(2003 年)编著的《任务型语言教学》一书则是我国第一本以任务为基础的语言教学理论著作,其依据我国的教育特点,较为系统而完整地阐述了任务驱动型语言教学理论。至此,国内学界和一线教师探索与研究任务驱动教学法的序幕徐徐展开,主要面向任务驱动教学法内涵的界定、理论基础的研究、教学实施步骤的研究、关于任务驱动教学法的应用问题及其对策方面的研究等几个方面。

1.1.1 任务驱动教学法

1)概念

(1)任务

　　"任务"的顺利实施是任务驱动教学法的基础和前提,而只有把握好"任务"的内涵才能直观地理解任务驱动教学法。《现代汉语词典》(商务印书馆,第 7 版)中"任务"的释义为"指定担任的工作;指定担负的责任",通常与职责、劳动等概念相关,从这个意义上来讲任务的内容、地点与行为主体是不确定的。但是在教育领域,特别是在任务驱动教学法中,"任务"是针对课堂教学而言的,它是有着较为明确目标的活动。目前,教育界普遍认可的关于"任务"一词的界定是:"任务是在课堂教学过程中具有明确教学目标的活动,是涉及学生认知理解并通过新旧

知识的灵活运用而进行互相交流的课堂活动,这类似于人们日常生活中的交际活动,体现了人们日常交往的过程。"

在实际教学中,传统教学方法中的"任务"和任务驱动教学法中的"任务"的侧重点有所不同。前者仅关注知识的获取,若学习者在一定的教学时间内达到了某些知识的积累目标,便可看作学习任务完成。因而传统教学方法中的"任务"强调对课本知识的掌握,本质上仍属于"以教材为中心"的教学方式。而任务驱动教学法中的"任务"不仅关注知识,同时关注学习目标、学习意志力的参与。通过这三个层面的共同作用,学生能够产生"想学""应学""能学"的学习驱动力,从而自然而然甚至愿意主动进行学习,并保持一种基于学习驱动力支撑而展开具体问题探索的热情。在这里,学习者执行"任务"的行为驱动力并非来自教师的硬性"指令",而是学习者自身具有的解决问题的内在动机,他们同时也拥有为完成任务而进行交流与探讨的主动权。因此,两者在教育价值追求方面有着本质的区别。

(2)任务驱动教学法

任务驱动教学法是一种隐性教学方式,以学生为中心,即将所要学习的知识隐含在一个或多个任务中,以任务为驱动,在教师主导下,学生紧密围绕一个共同的任务活动中心,对任务进行自主分析、讨论、探索、协作和建构,实现对学习资源的积极主动地应用进而自主探索和互动协作地学习,最后以任务的完成实现对所学知识有意义地建构的过程。该教学方法由教师根据教学目标来设计任务,为学生提供感悟问题和进行实践的情境,学生围绕任务展开学习,力求以任务的完成结果检验和学习过程总结来改变学生的学习状态,使学生主动建构探究、实践、思考、运用并最终解决问题的学习体系。该方法是学生主动思考、主动学习和互相协作的实践结果,对学生发挥主动性和发散思维有极大的促进作用,能够让学生在积极主动完成学习任务的过程中完成知识的自我建构,提升自主学习与合作学习的能力。

高校植物组织培养课程任务驱动教学法是在高校植物组织培养课程的教学过程中,以具体的课堂任务为导向,围绕任务目标而设计植物组织培养教学问题,学生以解决教学问题的强烈欲望作为驱动力,在教师的指导与帮助下有序地进行自主探索与互动协作,最终完成既定任务,从而掌握植物组织培养知识、提高综合应用能力的一种教学方法。任务驱动教学法无论是在教师的教学上还是在学生的学习上都有侧重。首先,从教育者的引导性方面而言,该课程教师在展开活动之初通过具体的、真实的方式呈现任务以吸引学生的注意力,在活动进行中也发挥引导作用确保顺利完成教学目标,实现对学生专业能力与非专业能力的有效培养。其次,从学生的主体性方面而言,学生进行活动虽需要借助教师的引导,但其在进行自主探究、发现问题及与同学共同解决问题的整个活动过程中,是在发挥自身主观能动性的基础之上完成植物组织培养课程教学预期的学习目标的。

2)理论基础

任务驱动教学法的理论基础是建构主义学习理论。建构主义学习理论提倡情境性教学,认为学习者的知识是在一定的情境下借助他人的帮助,如人与人之间的协作、交流、利用必要的信息等,通过意义的建构而获得的。学习环境中的情境必须有利于学习者对所学内容的意义进行建构。在教学设计中,创设有利于学习者建构意义的情境是最重要的环节,同时,教学应使学习在与现实情境类似的情境中发生,以解决学生在现实生活中遇到的问题为目标,为此,学习内容要选择真实性任务,不能对其做过于简单化的处理,使其远离现实的问题情境。在教学进程的

设计上,建构主义者提出,如果教学简单得脱离情境,教学就不应从简单到复杂,而要呈现整体性的任务,让学生尝试解决问题,在此过程中学生要自己发现完成整体任务所需完成的子任务,以及完成各级任务所需的各级知识技能。建构主义思想来源于认知加工学说,以及维果斯基(Lev Vygotsky)、皮亚杰(Piaget)和布鲁纳(Bruner)等人的思想。皮亚杰和布鲁纳等的认知观点——解释如何使客观的知识结构通过个体与之的交互作用而内化为认知结构,维果斯基的"文化-历史"发展理论广为流传,了解上述理论是深刻理解建构主义的必不可少的环节。

(1)建构主义学习理论

建构主义学习理论是 20 世纪 80 年代中期以来兴起的一种学习理论思潮,最早由瑞士心理学家皮亚杰提出,经过多名教育学家进一步研究讨论而得到丰富。该理论强调学生在学习过程中对知识的主动建构。建构主义学习理论强调"学生的学习活动必须与任务或问题相结合,以探索问题来激发和维持学习者的学习兴趣和学习动机",通过创建一个真实的教学环境,让学生带着真实的任务进行主动学习。此外,学生学习知识不单是从外到内的知识转移和传递,也是其积极建构自身知识经验的过程,通过新经验与原始知识经验的相互作用,学生的知识不断充实、能力得到提高。皮亚杰是近代有名的儿童心理学家,提出了认知发展的阶段性理论,该理论具有非常广泛和深远的影响。他认为,儿童认知的形成是先出现一些凭直觉产生的概念(并非最简单的概念),这些原始概念构成思维的基础,在此基础上经过综合加工形成新概念、建构新结构,这种过程不断进行,最终形成儿童的认知结构。这种原始概念和新概念的建构为建构主义学习理论奠定了基础,另外,找准原始概念和新概念间的联系是认知结构形成的有效途径。皮亚杰认为知识是个体在与周围环境相互作用的过程中逐步建构的,从而使自身的认知结构得到发展。因此学生不是被动的信息接受者而是主动建构者,外部信息本身是没有意义的,只有学习者在原有经验的基础上对新的信息进行反复交互作用,才能够建构信息的意义。任务驱动教学法就是建构主义学习理论指导下的产物,它将传统教学中"授人以渔"的教学方式转变为以任务为核心的生生互动、师生交流的双向交互方式,任务驱动教学法实际上是另一种形式的探究式教学方法,每一位学生根据任务的要求,运用自身的知识和经验进行小组合作,通过对信息的分析与加工提出解决问题的方案。

建构主义学习理论对高校植物组织培养课程任务驱动教学法的应用实施过程有着重要的指导意义。具体表现在:第一,它体现了"以学生为中心"的教育理念。第二,建构主义学习理论十分关注学生的学习过程,将学习看作一个不断建构意义的过程;教师需要设计形式多样且具有一定开放性的任务活动,让学生进行自主探究与合作交流,确保学生获得知识意义建构的体验。第三,根据学生的现有经验设置任务情境,搭建新知识的桥梁,使学生顺利实现对新知识的建构。

(2)"最近发展区"理论

"最近发展区"理论是由维果斯基提出来的。"最近发展区"理论认为,学生的个体发展应分为两种层次:一种是学生个体自身现有的发展水平;另一种是学生的潜在发展水平。现有发展水平即学生能够独立解决问题时达到的水平,而潜在发展水平则是指学生在成年人的帮助下或者在教学引导后能够解决问题的水平。这两个解决问题的层次之间存在的差异即"最近发展区"。维果斯基是苏联心理学家,"文化-历史"发展理论的创始人。维果斯基的思想体系是当今建构主义发展的重要基石,建构主义者从"最近发展区"理论出发,借用建筑行业中使用的"脚手架",提出了一种教学模式——支架式教学。据欧洲共同体"远距离教育与训练项目"

（DGXⅢ）的有关文件,支架式教学被定义为"应当为学习者建构对知识的理解提供一种概念框架"。这种框架中的概念是发展学习者进一步理解问题所需要的,为此,事先要把复杂的学习任务加以分解,以便于把学习者的理解逐步引向深入。支架式教学这种教学方式的开展需要从以下几个环节进行:首先,搭建"脚手架",强调在教师指导的情况下学生的发现活动,建立概念框架;其次,将学生引入情境,教师指导成分将逐渐减少;再次,让学生独立探索,达到独立发现的水平;最后,学生协作学习,最终完成对所学知识的意义建构。

维果斯基的思想强烈影响了建构主义者对教学和学习的看法,教学不再局限于对教学结果和外部因素的强调,开始注重影响教学有效性的各种内在因素,如一些背景性和过程性因素。另外,维果斯基所提出的"文化-历史"发展理论认为:人的高级心理机能亦即随意的心理过程,并不是人自身所固有的,而是在与周围人的交往过程中产生与发展起来的,是受人类文化历史制约的。其实现的具体机制是通过物质工具、情境、语言等实现。所以维果斯基的理论对合作学习、情境学习等也有一定的指导性。维果斯基的研究表明:学生具有基于现有水平达到可能达到的水平的潜力,这两种水平之间的差异就是"最近发展区",通过教学可使学生跨过"最近发展区"。他提出,在教学过程中不能局限于学生现有的思维发展水平,而是要通过提供教学指导和帮助,引导学生跨越"最近发展区"。因此在实际教学中,教师需准确了解学生的现有水平,在此基础上有目的性地选择教学任务与学习材料,使其符合学生现有的发展水平,不能过易或过难,过易不利于学生思考与发展,过难则扼杀学生探究的积极性,只有这样才能帮助学生跨过"最近发展区",提高学习效率。

高校植物组织培养课程任务驱动教学法的实施应根据对学生现有认知水平、能力水平和个体差异等特征的关注与了解,对任务目标进行层次化的设计,考虑到针对不同学习能力的学生的教学效果。同时,任务驱动教学也可以设置合理的教学内容与教学设问方式,既保证学生的自学空间,又为学生提供合作探讨、共同提高的机会;通过任务实施过程中的指导和协调,激发学生的潜能,使学生在完成任务的过程中体验学习的收获感。

（3）学习动机理论

一般而言,学生的学习动机越强,学习效率就越高,参与课堂的积极性也就越高。根据学习动机理论的观点,学习动机的动力来源有内部学习动机和外部学习动机两类。内部学习动机是指由学生个体内在产生的学习需要而引起的动机,而内部学习动机的产生与学生的学习兴趣、好奇心和提高能力的期望等因素有关。外部学习动机是指学生个体由外部环境的诱因而起的学习动机。根据相关研究结果,内部学习动机对学生积极参与教学活动有积极作用,使他们在学习行动上具有较高的自觉性;虽然基于外部学习动机而学习的学生也具有一定的学习意识,但由于他们对学习内容的兴趣可能不足,其学习行为趋于被动。因此,从这个意义上说,学习动机也是影响学习效果的重要因素之一,对学生学习活动的效果有着较为深远的影响。

高校植物组织培养课程任务驱动教学过程即对学习动机理论的具体应用。学生学习活动的驱动强调的是以具有深度探讨价值的问题唤起学生内在的学习需求。在任务驱动教学中,课堂任务就如同学生启动自身动力系统的一个按钮,从外部来看似乎要借助外力,而实际上这已经形成了学生内在的学习需求。通过任务驱动教学,学生的思维、行为、兴趣和情感都得到互动,从而产生了关于学习行为的"驱动力系统",更为投入学习中。因此,以任务为导向的植物组织培养课程需要十分重视通过加强任务活动的趣味性、增强任务情境的真实性、运用多元评价与激励措施等方法来提高学生参与课堂活动的积极性,以此达到激发学生学习动力的目的。

3）任务驱动教学法的特征

任务驱动教学法最根本的特点是"以任务为主线、教师为主导、学生为主体"，它将传统的再现式教学转变为探究式学习，将以往的以传授知识为主的教学理念转变为解决问题、完成任务的互动性教学理念。其特征如下。

（1）适时性

任务驱动教学法符合课程提倡的教学理念——"以学生为主体，教师为主导"，凸显以学习者为中心，强调学习者自身的认知主体作用，能够充分发挥学习者的主动性、积极性和创造性，教师在教学中起组织、引导、促进、控制和咨询的作用。该方法对改变固有的传统教学有一定的适时性。

（2）灵活性

运用任务驱动教学法时其核心就是设计任务，教师需对教学内容进行分析、明确教学目标，并结合学生已有的认知水平和知识基础来设计任务，创设的任务需巧妙包含学生应掌握的知识重点与难点。任务与教学内容紧密结合、设置灵活且符合学生的"最近发展区"，可根据授课目的、课型、学生的认知进行调整，每一小组的任务不同，任务与任务间有一定的梯度，其蕴含的知识体系由浅入深，需要学生在不同的任务中实现知识的自我建构、综合应用能力的不同提升，灵活性大。在植物组织培养课程任务驱动教学中，教师不管是对教材中基本概念、原理进行讲解，还是对前沿科学研究成果进行案例分析，都可以借助一些具体任务作为教学活动的牵引。根据建构主义学习理论所强调的观点，学习并不是由教师单纯、单向地对学生进行知识灌输，而是学生通过对新经验与原有知识的重新整合而完成新的意义建构。因此，教师可以按教学目标将植物组织培养课程的理论内容设计为一个或者多个与学生生活息息相关的任务，这些任务能够达到激发学生探究兴趣与求知欲的目的。因此，任务的设置通常是与一定的情境结合起来进行的，教师在引导学生运用原有知识完成任务的过程中，可适时、适量地引进新知识，以此确保学生能够理解与把握任务的设计意图。

（3）探究性

任务驱动教学法以问题情境为起点，主动探究为中心。现代心理学认为，当人们遇到需要解决的问题却没有应对的办法时，思维就会出现。所以问题既是思维的起点又是思维产生的动力。当学生心中存有疑惑时，心理上会产生强烈的解决问题的驱动力。因此创设恰当的问题情境，能够激起学生的学习动机与学习热情，有利于培养学生的探究能力。

主动探究是任务驱动教学过程中的中心环节。学生在教师创设的问题情境中产生疑惑时，教师应利用课前准备的学习材料以及设计的任务引导学生展开探究活动。探究活动以"任务分解"的形式存在，根据学生的认知规律，将具有综合技能的总任务分解成具有一定探究性的若干小任务。在探究活动中，学生首先应充分明确任务，随后进行小组合作和分工。学生在探究过程中利用学习材料与已有知识和经验对任务中所蕴含的问题进行思维加工和意义分析，最终通过合作，实现有意义的学习。在植物组织培养课程的教学中，主动探究包括四个环节：确定任务、分析任务、互动交流、解决任务。学生应围绕任务开展探究活动，教师对学生进行适时引导，完成基本任务。学生能在探究中独立思考，在合作中实现取长补短、实现不同层次的提升，激发学习动机。

(4)可持续性

任务驱动教学法关注学习任务设计时知识的延续性、关注任务完成后学生的所得,即由教师主导,对学习任务进行评价,实现学习任务的总结升华和学生思维广度的拓宽。例如,对任务内容作适度拓展,举一反三;评估是否有新的发现,提出进一步探究的问题以实现综合提升,具有一定可持续性。为了保证学生学习动机的持续性,教师应根据知识的系统性和层次性来创设任务,循序渐进、由易到难、层层深入,从而使学生在学习时不断获得成就感、提高自信心,养成主动学习、积极探究的良好习惯。

1.1.2 任务驱动教学法的课堂组织及实施原则

1) 任务驱动教学法的课堂组织程序

在任务驱动教学模式中,植物组织培养课程教师决定着学生的学习目标、学习内容和学习方向,学生能够完成课堂的既定任务,离不开教师对课堂的组织与引导。总的来说,教师在植物组织培养课程任务驱动教学过程中处于引领地位,其引领地位体现在以下方面:首先,其是植物组织培养课程的设计者。建构主义学习理论的教师观把教师看作帮助学生完成知识建构的忠实支持者与学生学习的高级合作伙伴。而实际上,教师多重角色的扮演在教学设计环节就已经有所体现:第一,依据植物组织培养课程的教学计划与教学内容进行构思并设计出合理的任务框架以及设置恰当的情境,准备好教学素材以保证课堂活动的顺利进行。第二,对整堂植物组织培养课程知识点的处理、重难点问题的解决以及课堂节奏的把握,都与教师的设计思路紧密相关。第三,设计的任务活动需考虑到学生对知识的掌握程度以及问题的难易程度是否合适,任务最好包含层层递进的"子任务",其中连贯的问题应具有一定的挑战性,也具有一定的难度,需要通过大多数学生的思考来完成。在这里,植物组织培养课程教师可以采用模拟情景、角色扮演、组队辩论与案例探讨等教学方式将任务设计为吸引学生、真正激发学生学习兴趣的活动,而要顺利完成这一过程就要求教师进一步提升相关专业素养。其次,其是植物组织培养课程的指导者。指导者是指教师通过观察学生在课堂中的表现,适当调整课堂主题与教学内容、适时调整课堂进度。建构主义学习理论的教师观认为,教师应成为学生知识建构的积极帮助者和指导者,并在学习活动中持续激发学生的学习兴趣,保持学生的学习动机。如在高校植物组织培养课程任务驱动教学中,教师可有意识地关注课堂动态,给予学生适当引导和教学提示,并将学生所要讨论的问题自然过渡到任务主题上来,激发学生的思维。对于参与讨论的积极性不佳的学生,教师应加以沟通、劝导,这体现了教师在课堂上作为指导者的灵活性。此外,在学生遇到任务无法顺利完成时,教师提供的引导和帮助可使课堂任务顺利进行。最后,其是植物组织培养课程的组织者。建构主义学习理论的教学观认为,教师应尽可能地组织学生进行协作学习,通过引导使学生的学习过程向知识意义建构的方向发展。例如,教师在展开教学时可根据班上学生的学习水平,合理分配小组成员,并且鼓励学生积极参与、互相指导、分享组内学习收获。此外,教师需要加强对课堂时间的监督、课堂秩序的组织和管理以及对学生执行任务的监督和指导,这些环节都依赖于教师在教学活动中发挥的组织和引领作用。

任务驱动型科学探究教学可以从"创设情境——明确任务——分析任务、注重细节——多元评价"等几个环节设计课堂教学结构,制订相关的教学策略,帮助学生展开合作、自主探究,以有效完成任务为目标,获取知识并提升解决问题的能力,构建自身的知识框架。

(1)创设情境

以教师"导"为主。为了使学生的学习能在与现实情况基本一致或相类似的情境中发生,教师需要创设与当前学习主题相关的、尽可能真实的学习情境,引导学习者带着真实的"任务"进入学习情境,使学习更加直观和形象化。生动直观的形象能有效激发学生的联想,唤起学生原有认知结构中的有关知识、经验及表象,从而使学生利用有关知识与经验去"同化"或"顺应"所学的新知识、发展能力,是实现任务驱动教学法的基础。高校植物组织培养课程任务驱动教学中需要以真实的情境引发学生共鸣,通过有意义的课堂问题激发学生参与探讨的兴趣,从而为更好地完成学习任务创造良好的开端。在这里,任务是贯穿课堂教学的主线,而要牵引好这条主线,则要求教师根据不同的任务形式来创设相应的学习情境。在植物组织培养课程中创设问题的情境的方法有:①通过联系生活中常见的植物组织培养的成功案例或者植物组织培养前端科研动态来创设问题情境;②利用不同外植体培养实验创设问题情境;③利用多媒体技术,变静为动,调动学生感官,创设问题情境等。

(2)明确任务

以教师"导"为主。在创设的情境下选择与当前学习主题密切相关的真实性事件或问题(任务)作为学习的中心内容,让学生面对一个需要立即去解决的现实问题,以此明确任务。高校植物组织培养课程任务驱动教学实施的基础是设计任务,明确与任务相关的教学目标。任务的设计也要遵循一定的教学原则:首先,要处理好课堂任务与知识点的关系,要求设计的任务不仅包含植物组织培养课程教学内容的基础知识点,也可以形成一个完整的知识框架,以便学生在完成任务的过程中获得相应的知识和技能。其次,任务的设计要关注学生的兴趣点,能够激发他们的学习积极性,使其确信参与这些任务活动是有价值、有意义的。再次,任务的设计需要一定的层次性,无论是任务目标还是具体教学问题的设置,都需要层层递进、由易到难。最后,是否具有较强的操作性是任务设计是否成熟的标志,可操作性高的任务在实际课堂中往往能取得较好的教学效果。任务的解决有可能使学生更主动、更广泛地激活原有知识和经验来理解、分析并解决当前问题;问题的解决为新旧知识的衔接、拓展提供了理想的平台,通过问题的解决来建构知识正是探索性学习的主要特征,是实现任务驱动教学法的关键。因而,在设计任务时,植物组织培养课程任课教师需要从学生的生活经验出发,更加关注学生的兴趣和需求,促使学生将感性知识转化为理性认识,帮助学生完成新旧知识的迁移。

(3)分析任务、注重细节——自主学习、协作学习

以学生"学"为主。改变以往教师直接传授解决问题的方式的做法,由教师主导,向学生提供解决该问题的有关线索,如资料搜集、方法步骤、知识剖析等,强调发展学生自主思考、自主获取资料等"自主学习"的能力。由于大多任务驱动教学活动都是以小组合作探讨的方式进行的,因此为确保学生都能积极参与到课堂问题的探讨中,教师应在设置课堂小组及分配各组成员时根据他们的能力水平进行划分,使各组间的能力基本持平。此外,各小组在确定组长以后,由组长负责小组成员的分工和合作等工作,以此锻炼学生的组织管理能力。倡导学生之间进行讨论和交流,通过不同观点的交锋、补充、修正、加深对问题的认识并尝试提出解决方案,最后在解决问题的过程中实现对新学知识的主动建构、攻克知识难点,最终通过教师教法的转变实现学生学习方法的转变——这是实现任务驱动教学法的核心。最终在植物组织培养课程任务驱动教学的课堂上,学生能够在"传授—接收"式学习转变为"引导—参与"式学习的过程中满足

于完成任务所带来的成就感,成为课堂的主人。

(4)多元评价

以教师"导"为主。为确保学生在完成任务之后具有获得感,教师应对学生执行任务的结果进行及时、公正及合理的评价,这不仅是对学生任务结果的反馈,也是对学生积极参与任务的充分肯定。教师在评价中要遵循一定的原则,对学习效果的评价主要包括以下内容:一是对学生完成当前问题(任务)的解决方案的过程和结果的评价,即所学知识的意义建构的评价;二是对学生自主学习及协作学习能力的评价;三是对学生举一反三的应用能力的评价。评价任务是否完成是任务驱动教学法是否实现的标志。

评价时,首先,评价的内容应符合整体性。为了防止评估结果有片面性,不仅评估的内容需依据任务执行的结果而定,还需根据各个小组的展示情况或组员互相配合的表现予以客观的评价。其次,评价的过程应符合有序性。任务评价能否顺利地进行,在于其是否体现出评价的有序性,如评价标准的提前准备、评价对象的确定、评价时机的选择、评价活动顺序的确定等,都需要在实施评价行为之前就有序完成。再次,评价的方式应符合多样性。为了对整个活动过程进行较为全面的评价,所选择的评价方式也应尽可能地体现多样性,如可进行激励性、过程性和总结性评价,或者将两两结合进行评价等。此外,也可以将小组自评方式和小组间互评方式相结合,这里的评价者并不局限于教师,学生也可进行任务成果的反馈。

2)任务驱动教学法的教学实施原则

(1)调动主动性原则

任务驱动教学法将目标定在培养学生的学习动机和能力上,教学活动以学生的知识意义建构为主。在教师的指导下,学生能根据已有的知识经验,掌握有序的学习途径,在教师的指导下解决问题、完成任务,在完成任务的过程中学会学习、提升能力,以适应社会发展的需要。

(2)任务适当原则

任务驱动教学法的启动就是任务的建立和下达,建立难度适中的任务关系到教学取得较好的效果,可以根据维果斯基的"最近发展区"理论进行任务的确定和难易程度的把握,且提出明确的、需要学生通过努力来达到的目标。如植物组织培养实验任务的确定要按照组织培养程序如"不同培养基的配制及灭菌——外植体消毒与接种——愈伤组织诱导——继代培养——生根培养——驯化移栽"的完整过程来确定。所以任务设置要适当,学生可通过适当努力完成;另外,教师要对任务设计有优化意识,在实际教学中设置的任务目标要明确和真实。

(3)学用互促原则

任务驱动教学法完成教学任务的途径是通过"用"来促进"学",教学活动需与现实世界有联系,任务发布后教师利用新知识和旧知识之间的联系引起学生的认知冲突,进而让学生产生学习兴趣,在实施任务的过程中学习新知识和技能,在完成任务的过程中实现新知识的运用、学用互动和相互促进。如植物组织培养过程中培养基的制备及灭菌这一任务下发后,如果学生不具备培养基制备及灭菌的方法和程序的知识,其会自主查阅知识并进行相应的计算,掌握培养基制备过程中各个成分的含量,在学会新知后对其加以运用——即完成培养基的配制及灭菌,并在整个过程中发现存在的问题,查漏补缺,达到学用互促的目的。

（4）合作交往原则

任务驱动教学法以小组为载体来实现,在教学中要注意学生个体探究能力的差异;要把个体自学与群体讨论、合作探究结合起来,实现个人学习到小组学习再到班级学习三个学习空间的有效递进,使学生人人参与;要鼓励学生提出不同见解,提升学生的参与度。

（5）教师参与原则

在学生完成任务的过程中,教师要明确自己担当的指导者和参与者的角色,积极、适时参与到学生的讨论中。教师在其中的角色有:①学生学习动机的激发者。教师要制定好策略,创设问题情境,使学生产生对学习的兴趣和求知欲。②善于归纳问题的指导者。教师参与讨论,在众多问题中筛选、提炼出进一步探究和激发学生思维的问题;适时地为学生答疑,进行必要的引导。③教学活动中的调节和组织者。教师要调节好三个学习空间的转换,控制好个别研究和集体研究的步骤、节奏和深度,在学习过程中培养学生的合作精神和创新思维。

（6）适时归纳原则

对学生的语言活动表现的评价要根据任务的最终结果来判断。采用任务驱动教学法,学生自主学习的时间增多,但每个学生的学习能力存在差异,学生的成绩和能力易出现两极分化。这需要教师在教学中根据阶段测验反馈掌握不同学生的学习情况,加强课堂或阶段任务的小结及知识点的梳理,让不同层次的学生都能够跟上教学进度,掌握知识及原理、方法,完成任务,从而达到教学目标,促进学生同步发展。

1.1.3　任务驱动教学法的优点

（1）有利于实现植物组织培养课程的教学目标

在整个植物组织培养课程任务驱动教学过程中,教师通过设置具有吸引力、感染力的教学情境以及具有挑战性的课堂任务,使学生积极参与课堂活动,最终使植物组织培养课程的教学目标更有效地实现。任务驱动教学法在应用中将一系列任务与教学内容进行有效结合,同时通过设计层次性的任务来体现问题难度的逐渐升级,照顾到不同认知水平与学习能力的学生,既保证学生能够顺利地在执行任务的过程中进行互动探索与知识的应用,也可以避免学生重复做任务。此外,在呈现植物组织培养课程教学效果的教学评价环节中,教师也可以学生在执行任务时的小组表现、个人表现作参考,尽可能予以公平、民主与客观的评价,这以维持学生的学习积极性,这也可以有效促进课程教学目标的实现。

（2）有利于提高学生参与课堂的积极性

建构主义学习理论的学生观将学生看作发展中的人,认为教育者应以发展的、动态的观点以及积极的心态看待学生。因而在任务驱动型教学的深入作用下,学生的学习主体地位得到充分尊重,学生产生出强烈的解决问题的驱动力,实现了由过去的"要我学"到"我要学"的学习态度的转变,进而提升了学生参与课堂活动的积极性。黑格尔曾说过,"那些能够使他们行动并给予他们决定存在的原动力就是人的需要、本能、兴趣和热情"。

以任务驱动教学法优化植物组织培养课程,改变了纯粹的灌输型教学,教师角色得到转换,其不再是理论知识的"灌输者",而是课堂任务的设计者,力图将具体的、真实的生活情境呈现在学生们眼前,将枯燥、抽象的内容转化成具有启发性、画面感的任务活动。例如,在实际教学实践中让学生参与植物组织培养任务的设计,往往能取得意想不到的效果,可让学生处于活跃

的活动状态,最大限度地激发学生的学习动机并调动学生的情感因素。在教学方式的选取上,任务驱动教学法注重学生积极参与合作的重要性,以探讨协商与交流互动的方式让每一位学生都有收获感。与此同时,考虑到学生是教学评价的主体,该教学法主张让学生进行自我评价与小组间互评,形成相互联系的思维空间,达到巩固课堂内容的良好效果。

(3)有利于学生科学精神的培养和综合能力的提升

植物组织培养课程任务驱动教学中,课堂任务的内容包括新旧知识,注重培养学生在相似的知识情境下甚至在陌生情境下活络运用知识的能力,同时促进学生在学科知识、相关技能等方面的进步并逐渐形成综合能力。与此同时,在相关问题的驱动下学生的科学精神等素养得到提升,合作探究的环节增强了学生的团结精神与责任担当,这对于塑造学生的理想人格、促进学生形成积极的情感态度有着重要的意义。

1.1.4　任务驱动教学法的注意事项

(1)正确处理教师与学生的关系,及时做好师生角色的转换

在任务驱动教学中,学生是学习的主体,教师起指导作用,在教学时间上 70% 的时间是学生在教师引导下完成学习任务。在主动探究过程中,教师对学生进行指导时应注意以下几点:①以学生为主体,留充足的时间让学生基于自身的学习能力主动进行探究。②以教师为主导,在探究活动过程中,教师充当指导者的角色,在学生遇到困难时要及时进行引导,为学生答疑解惑,肯定学生的已有成果,让学生通过完成任务理解任务中蕴含的重难点知识,掌握学习的方法与技巧。③探究活动的形式多样化。在植物组织培养课程的教学过程中,可以进行不同组织培养问题的发散研究,如不同消毒时间对同一外植体的影响、同一消毒时间对不同外植体的影响、不同培养基配方对同一外植体的影响等,学生利用教师提供的材料与信息,小组合作完成研究,这有利于学生创新能力的提升。学生通过多种形式的探究,对结论进行总结、归纳,将琐碎的知识系统化、结构化,有利于其进一步将知识内化。

(2)确定教学任务时要注意其与教学内容的关联度

在任务驱动教学法中,教学设计的核心是"任务",任务设计的优劣直接关系到教学情境的创设和能否激发学生兴趣、驱动学生以积极的态度参与任务的探究。任务驱动教学法对于操作技能较高的课程,教学效果较好。教学任务在确定与开展的时候要与教学内容联系起来,教师应该树立"用教材"的教学思想,在教学设计时对每个模块内容进行具体处理,以应用为目标,打破教材体系,按照"提出问题——解决问题——归纳分析"的思路重新设计教学内容、步骤和方法,以提高课堂教学效率。

(3)精准把握任务尺度,有效开展教学

在实施任务驱动教学法时,教师选择的任务不宜过大、过难,需考虑到学生之间的差异。运用任务驱动法进行教学时,为了保证学生学习的有效性,在创设任务时需要控制任务的难度,学生为达成任务不仅需要利用已有的知识与经验,还需要对学习材料进行加工分析与缜密思考。这里的学习材料即教师为了帮助学生完成任务所提供的辅助工具,包括教材中的分析资料、边栏信息、探究互动活动、课外学习材料及网络资源等,这些学习材料是学生合作探究、完成任务的支撑,保证了学生在探究活动中的主体地位,有利于教师引导学生突破知识的重点与难点。

（4）注重问题情境创设的"四性"

创设问题情境时,首先应该注意问题需具有明确的目的性和科学性;其次要根据学生的"最近发展区",从学生的实际出发;最后要注重情境与生活有联系并具有新奇性,从而有利于激发学生的思维,激起学生的探究欲望。

（5）关注教学后的效果评价,强化能力及知识的延伸

任务驱动教学法在评价中注重对学生学习过程和任务结果的综合评价。以学生为主体,整个学习过程应是学生自主计划、自主设计、自主实施、自主评价的过程,培养学生的能力和思维是教学的关键目标,在任务完成的过程中应充分调动学生学习的积极性。从学生自主学习到小组合作再到集体讨论,要关注对教学过程的评价,充分利用学生自评和师生互评来实现对学生知识、能力和思维的评价,让学生获取积极的自我效能感。

参考文献

[1]龚亚夫,罗少茜.任务型语言教学[M].北京:人民教育出版社,2003.

[2]夏纪梅,孔宪辉."难题教学法"与"任务教学法"的理论依据及其模式比较[J].外语界,1998(04):34-40.

[3]吴旭东.外语学习任务难易度确定原则[J].现代外语,1997(03):33-43.

1.2　组织培养理论基础

　　植物组织培养是以植物生理学为基础发展起来的一门重要的生物技术学科,其发展的理论基础是植物细胞全能性及植物生长调节剂的应用。植物组织培养是现代科学研究的基本工具和手段,并且广泛应用于农业、林业、工业、医药等行业,产生了巨大的经济效益和社会效益,已成为当代生物科学中最有生命力的一门学科。

　　植物的组织培养技术是根据植物细胞具有全能性这个理论,在近几十年发展起来的一项无性繁殖的新技术。广义的植物组织培养又叫离体培养,指从植物体分离出符合需要的组织、器官或细胞、原生质体等,无菌条件下接种在含有各种营养物质及植物激素的培养基上进行培养,以获得再生的完整植株或生产具有经济价值的其他产品的技术。狭义的植物组织培养是指用植物各部分组织如形成层、薄壁组织、叶肉组织、胚乳等进行培养以获得再生植株;也指在培养过程中从各器官上产生愈伤组织,愈伤组织经过再分化形成再生植物。

1.2.1　植物组织培养的发展简史

1)探索阶段

　　早在19世纪30年代,德国植物学家施莱登(M. J. Schleiden)和德国动物学家施旺(T. Schwann)就创立了细胞学说。根据这一学说,如果给细胞提供和生物体内一样的条件,每个细胞都应该能够独立存活。1902年,德国植物学家哈伯兰特(Haberlandt)在细胞学说的基础上,大胆提出要在试管中人工培育植物。他预言离体的植物细胞具有发育上的全能性,能够发育成完整的植物体。他提出的这一细胞全能性的理论是植物组织培养的理论基础。

　　植物组织培养从提出设想到实践成功,经历了漫长而艰难的历程。哈伯兰特本人以及后来的德国植物胚胎学家汉宁(Hanning)等人,都用植物的叶、茎、根、花的小块组织或细胞进行过离体组织或细胞的无菌培养试验。由于受当时科学技术发展水平和设备等条件的限制,他们取得的进展很小。如1902年哈伯兰特在Knop培养液中离体培养野芝麻、凤眼兰的栅栏组织和虎眼万年青属植物的表皮细胞时,观察到细胞明显增长。1904年,汉宁在无机盐和蔗糖溶液中对萝卜和辣根菜的胚进行培养,结果发现离体胚可以充分发育成熟,并提前萌发形成小苗。1922年,哈伯兰特的学生科特(Kotte)和美国的罗宾斯(Robins)在含有无机盐、葡萄糖、多种氨基酸及琼脂的培养基上,培养豌豆、玉米和棉花的茎尖和根尖,发现离体培养的组织可进行有限生长,形成了缺绿的叶和根,但未发现培养细胞有形态发生能力。由于选择的实验材料高度分化和培养基过于简单,他们只观察到细胞增长,并没有观察到细胞分裂。但这一实验探索对植物组织培养的发展起了先导作用,激励后人继续探索和追求。(表1-1)

表1-1　植物组织培养探索阶段大事记

时间	人物	外植体	大事件
1902年	哈伯兰特	—	大胆预言,提出细胞全能性理论

续表

时间	人物	外植体	大事件
1902 年	哈伯兰特	野芝麻、凤眼兰的栅栏组织和虎眼万年青属植物的表皮细胞	在 Knop 培养液中细胞明显增长
1904 年	汉宁	萝卜和辣根菜的胚	在无机盐和蔗糖溶液中，胚发育、萌发形成小苗
1922 年	科特、罗宾斯	豌豆、玉米和棉花的茎尖和根尖	在无机盐、葡萄糖、氨基酸、琼脂组成的培养基上外植体有限生长

在哈伯兰特实验之后的 30 年中，人们对植物组织培养的各个方面进行了大量的探索性研究，但由于对影响植物组织和细胞增殖及形态发生能力的因素尚未研究清楚，除了在胚和根的离体培养方面取得了一些结果外，其他方面没有大的进展。

2) 奠基阶段

1934 年，美国植物生理学家怀特（White）利用无机盐、蔗糖和酵母提取液组成的培养基进行番茄根离体培养，建立了第一个活跃生长的无性繁殖系，使根的离体培养实验获得了真正的成功，并在以后 28 年间将无性繁殖系反复转移到新鲜培养基中继代培养了 1 600 代。这之后，怀特又以小麦根尖为材料，研究了光、温度、通气、pH 值、培养基组成等各种培养条件对细胞生长的影响，并于 1937 年建立了第一个组织培养的综合培养基，其成分均为已知化合物，包括 3 种 B 族维生素即吡哆醇、硫胺素和烟酸，该培养基后来被定名为 White 培养基。

1934 年，法国的高斯雷特（Gautheret）在研究山毛柳和黑杨等的形成层组织培养实验时，提出了 B 族维生素和生长素对组织培养的重要意义，并于 1939 年获得连续培养胡萝卜根的形成层的首次成功，罗伯考特（Nobecourt）也利用胡萝卜建立了与上述类似的连续生长的组织培养物。

因此，怀特、高斯雷特和罗伯考特 3 位科学家被誉为植物组织培养学科的奠基人。这一时期，植物组织培养终于取得了重大突破，但是他们未能从愈伤组织中诱导出芽和根来。

怀特于 1943 年出版了《植物组织培养手册》专著，植物组织培养开始成为一门新兴的学科。

1951 年，我国植物生理学家崔徵和美国科学家斯科格（Skoog）合作，用不同种类和比例的植物激素处理离体培养的烟草茎段和髓，发现腺嘌呤和生长素的比例是控制芽和根形成的主要条件之一。

1952 年莫兰尔（Morel）和马丁（Martin）通过茎尖分生组织的离体培养，从已受病毒侵染的大丽花中首次获得脱毒植株。1953—1954 年缪尔（Muir）利用振荡培养和机械方法获得了万寿菊和烟草的单细胞，并实施了看护培养，使单细胞培养获得初步成功。1957 年，斯科格和米勒（Miller）提出以植物生长调节剂控制植物器官形成的概念，指出通过控制培养基中生长素和细胞分裂素的比例来控制植物器官的分化。1958 年美国科学家斯图尔特（Steward）等以胡萝卜根的韧皮部为材料，通过体细胞胚胎发生途径培养获得完整的植株且这一植株能够开花结实，通

过此途径首次得到了人工体细胞胚,证实了哈伯兰特在 50 多年前关于细胞全能性的预言。培养过程如图 1-1 所示。

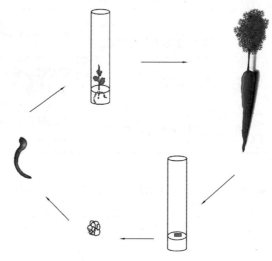

图 1-1　植物体细胞培养产生完整植株示意图

在这一发展阶段,通过对培养基成分和培养条件的广泛研究,特别是对 B 族维生素、生长素和细胞分裂素作用的研究,确立了植物组织培养技术体系,并首次用实验证实了细胞全能性,为以后植物组织培养技术的快速发展奠定了基础。

植物组织培养技术在提高农作物产量、培育农作物新品种等方面具有广阔的应用前景,因此越来越受到各国科学家的重视。20 世纪 60 年代以后,植物组织培养技术开始在生产上应用,并且逐渐朝着产业化方向发展。随着科学技术的不断进步,植物组织培养这门崭新的技术将日益普及和深入,必将成为现代农业生产中重要的技术手段。(表 1-2)

表 1-2　植物组织培养奠基阶段大事记

时间	人物	外植体	大事件
1934 年	怀特	番茄根	在含有无机盐、蔗糖和酵母提取液的培养基上,根的离体培养成功
1934 年	高斯雷特	山毛柳和黑杨等的形成层	发现 B 族维生素和生长素的重要作用
1937 年	怀特	小麦根尖	发明了怀特培养基
1939 年	高斯雷特	胡萝卜根的形成层	有连续生长的细胞培养物
1939 年	怀特	烟草种间杂种的瘤组织	有连续生长的细胞培养物
1939 年	罗伯考特	胡萝卜	有连续生长的细胞培养物
1943 年	怀特	—	《植物组织培养手册》专著出版
1951 年	斯科格、崔徵	烟草茎段和髓	发现腺嘌呤和生长素的比例是控制芽和根形成的主要条件之一
1952 年	莫兰尔、马丁	大丽花茎尖分生组织	获得脱毒植株

续表

时间	人物	外植体	大事件
1953—1954 年	缪尔	万寿菊和烟草的单细胞	实施看护培养,单细胞培养获得初步成功
1957 年	斯科格、米勒	—	提出以植物生长调节剂控制植物器官形成的概念,指出通过控制培养基中生长素和细胞分裂素的比例来控制植物器官的分化
1958 年	斯图尔特	胡萝卜根的韧皮部	通过体细胞胚胎发生途径培养获得完整的植株,首次得到了人工体细胞胚

3)迅速发展阶段

当影响植物细胞分裂和器官形成的机理被揭示后,植物组织培养进入了迅速发展阶段,研究工作更加深入,可对大量的物种进行诱导以获得再生植株,一套成熟的理论体系和技术方法形成,并开始了大规模的生产应用。

1960 年英国学者科金(Cocking)等人用真菌纤维素酶分离番茄原生质体获得成功,大大激发了人们对原生质体培养的兴趣,开启了植物原生质体培养和体细胞杂交的工作。1960 年伯格曼(Bergman)首创平板培养法,为获得单细胞系、研究其生理生化和遗传上的规律提供了可能。

1960 年莫兰尔利用茎尖培养兰花,实现了脱毒和快速繁殖,该方法繁殖系数极高,并能脱去植物病毒。其后开创了兰花快速繁殖工作,并促成了欧洲、美洲及东南亚地区许多国家"兰花工业"的兴起。目前,已有 60 属以上的兰科植物被成功快速繁殖并纳入试管繁殖体系。

1962 年穆拉希格(Murashige)和斯科格发表了适用于烟草愈伤组织快速生长的改良培养基,也就是现在广泛使用的 MS 培养基。

1964 年古哈(Guha)等成功地在毛叶曼陀罗的花药培养中,首次以花粉诱导得到单倍体植株,从而促进了花药和花粉培养研究的发展,开创了以花粉培育单倍体植物的新领域,为后期得到纯合二倍体植株提供了新的途径。

1971 年武部(Takebe)等在烟草上首次以原生质体获得了再生植株,这不仅证实了原生质体同样具有全能性,而且在实践上为外源基因的导入提供了理想的受体材料。1972 年卡尔松(Carlson)等利用硝酸钠进行了两个烟草物种之间原生质体的融合,获得了第一个种间体细胞杂种植株,开启了种间杂交时代。1973 年凯勒(Keller)和梅尔彻斯(Melchers)采用高浓度 Ca^{2+} 溶液处理烟草叶肉原生质休,使原生质体的融合频率较大幅度增加(达到 20%~50%)。这是由于 Ca^{2+} 能促进两种原生质体的结合,而高 pH 值环境能改变质膜的表面电荷性质,有利于融合。采用此方法,他们成功地获得了烟草种间和属间体细胞杂种。1974 年高国楠等人发现聚乙二醇(PEG)能促使植物原生质体融合,当加入一定分子质量的 PEG 时,融合效率较病毒诱导法可提高 1 000 倍以上,PEG 在融合过程中起着稳定和诱导凝集的作用。后来,人们将 PEG 与

高 pH-高钙法结合使用,大幅度地提高了原生质体的融合频率——最高可达 50%,使用较简便、经济。已有超过 100 例利用此法获得的体细胞杂种植物,它是目前最成功的融合技术。

随着分子遗传学和植物基因工程的迅速发展,以植物组织培养为基础的植物基因转化技术得到了广泛应用,并取得了丰硕成果。自 1983 年赞布里斯基(Zambryski)等采用根癌农杆菌介导转化烟草,获得了首例转基因植株以来,该技术在水稻、玉米、小麦、大麦等主要农作物的应用上取得了突破进展。迄今为止,已通过农杆菌介导将外源基因导入植株,育成了一批抗病、抗虫、抗除草剂、抗逆境的优质转基因植物,其中有的开始在生产上大面积推广使用。转基因技术的发展和应用表明,组织培养技术的研究已开始深入到细胞和分子水平。(表 1-3)

表 1-3　植物组织培养迅速发展阶段大事记

时间	人物	外植体	大事件
1960 年	科金	番茄原生质体	用真菌纤维素酶分离原生质体获得成功,使植物原生质体培养和体细胞杂交成为可能
1960 年	莫兰尔	兰花茎尖	兰花工业化生产
1962 年	穆拉希格、斯科格	—	发表 MS 培养基
1964 年	古哈等	毛叶曼陀罗的花药	获得单倍体植株
1971 年	武部等	烟草原生质体	获得了再生植株,为外源基因的导入提供了理想的受体材料
1972 年	卡尔松等	两个烟草物种的原生质体	两个烟草物种之间原生质体融合,获得了第一个种间体细胞杂种植株
1973 年	凯勒、梅尔彻斯	烟草叶肉原生质体	获得了烟草种间和属间体细胞杂种
1974 年	高国楠等	—	建立了原生质体的高钙高 pH 值的 PEG 融合法
1983 年	赞布里斯基等	烟草	采用根癌农杆菌介导转化烟草,获得首例转基因植株

1.2.2　应用前景

1)农业生产上的应用前景

(1)快速繁殖优良种苗

植物离体快速繁殖是目前植物组织培养应用最多、最有效的一个方面。它可以通过茎尖、茎段、鳞茎盘等产生大量腋芽,或通过根、叶等器官直接诱导产生不定芽,或通过愈伤组织培养

诱导产生不定芽。由于该方法具有组织培养周期短、增殖率高且不受季节限制等特点,加上培养材料和试管苗的小型化,因而可以立体利用空间,在短期内培养出大量的幼苗。对于一些繁殖系数低、不能用种子繁殖的稀有、名贵植物品种,采用这种方法在短期内可以极大地提高其繁殖系数。目前,观赏植物、园艺作物、药用植物等中可无性繁殖的植物大部分实现了离体快速繁殖,试管苗培育已产业化。

（2）无病毒苗的培养

几乎所有植物都遭受到不同程度的病毒病危害,有的种类甚至同时受到数种病毒病的危害,尤其是很多园艺植物靠无性繁殖的方法来增殖,病毒感染在植物体内的长期积累,使植物的产量和品质不断下降。自从1952年莫兰尔等发现采用微茎尖培养的方法可得到大丽花无病毒苗后,微茎尖培养就成为解决病毒病危害的重要途径之一。若将其与热处理相结合,则可提高脱毒培养的效果。利用组织培养方法,取一定大小的茎尖进行培养,再生的植株有可能不带病毒,从而获得脱毒苗,再用脱毒苗进行繁殖,繁殖出的种苗在种植后不会或极少发生病毒病。目前利用茎尖脱毒技术进行组织培养的方法在马铃薯、甘蔗、菠萝、香蕉、草莓、甘薯等主要经济作物和香石竹、菊花等观赏植物上已成功应用,形成了一个规范的系统程序,达到了保持园艺植物的优良种性和经济性状的目的。对于木本植物,茎尖培养得到的植株难以发根生长,则可采用茎尖微体嫁接的方法来培育无病毒苗,需要注意的是无病毒苗并不具有抗病毒能力。

（3）在育种上的应用

①单倍体育种。通过花药或花粉培养进行单倍体育种。由于单倍体植株往往不能结实,在花药或花粉培养中用秋水仙素处理,可使染色体加倍,植株成为纯合二倍体。它已成为一种崭新的育种手段,具有高效率、基因型一次纯合等优点,目前我国科学家育成的烟草、小麦、水稻新品种已大面积种植。

②胚培养。在植物种间杂交或远缘杂交中,杂交不孕给远缘杂交带来了许多困难,采用胚的早期离体培养可以使胚正常发育并成功地培养出杂交后代,通过无性系繁殖可获得数量多、性状一致的群体。胚培养已在50多个科属中获得成功。在远缘杂交中,可将未受精的胚分离出来进行离体培养,在试管内进行离体受精,产生的胚在试管中发育成完整植株。例如,蝴蝶兰的种子内部没有胚乳,种子的萌发缺乏营养物质,发芽率极低,用组织培养的手段给蝴蝶兰种子以外部营养,可促使其萌发。也可用胚乳培养获得三倍体植株,为诱导形成三倍体植物开辟了一条新途径。

③体细胞杂交。原生质体融合可部分克服有性杂交的不亲和性,获得体细胞杂种,从而创造新品种或育成优良品种。如小麦与燕麦进行不对称体细胞杂交,已获得40余个种间、属间甚至科间的体细胞杂种、愈伤组织,有些还进而分化成苗。

④基因工程。就是把目标基因切割下来并通过载体将外来基因整合进植物的基因组,克服作物育种中的盲目性,转而按人们的需要操纵作物的遗传变异,育成优良品种,实现作物改良,以增加作物产量和改善品质。该技术已在马铃薯、番茄、水稻、瓜类植物上获得成功。

⑤细胞工程即诱发细胞突变。培养细胞均处在不断分生的状态,容易受培养条件和外界压力如射线、化学物质等的影响而发生诱变,从已诱发细胞中筛选出植物抗病虫害、抗寒、耐盐、抗除草剂毒性、生理生化变异等所需要的突变体,然后分化成植株。利用诱发细胞突变,已培育了辣椒、乌菜的新品种。目前,用这种方法已筛选到抗病、抗盐、高赖氨酸、高蛋白、矮秆高产的突变体,有些已用于生产。

（4）工厂化育苗

近年来，组培苗工厂化生产已作为一种新兴技术和生产手段，在园艺植物的生产领域蓬勃发展。

组培苗工厂化生产是以植物组织培养为基础，在含有植物生长发育必需物质的人工合成培养基上附加一定量的生长调节物质，把脱离于完整植株的、本来已经分化的植物器官或细胞接种在不同的培养基上，在一定的温度、光照、湿度及 pH 值条件下，利用细胞的全能性以及原有的遗传基础，促使细胞重新分裂、分化，长成新的组织、器官或不定芽，最后长成和母株一样的小植物体。例如非洲紫罗兰组培苗的工厂化生产，就是取样品株一定部位的叶片为材料，消毒后切成一定大小的块，将其接种在适宜的培养基上，在培养室内培养，两个月左右后在切口处产生不定芽。这些不定芽经再切割后又形成新的不定芽。如此继续，即可获得批量的幼小植株，可按需要量生产与样品株完全相同的幼苗。

工厂化生产的组培苗是按一定工艺流程，规范化、程序化生产的，具有繁殖速度快、整齐一致、无虫少病、生长周期短、遗传性稳定的特点，可以加速产品的生产，尽快获得繁殖无性系。特别是对一些繁殖系数低、杂合的材料，具有更重要的作用，有性繁殖时优良性状易分离，其可从杂合的遗传群体中筛选出表现型优异的植株，从而保持其优良遗传性。组培苗的无毒生产，可减少病害传播，更符合国际植物检疫标准的要求，可扩大产品的流通渠道，增加产品市场的销售能力，同时减少了气候条件对幼苗繁殖的影响，缓和了淡、旺季供需矛盾。

世界上一些先进国家的园艺植物组织培养技术的迅速发展从 20 世纪 60 年代就已经开始，并随着对细胞生长、分化的规律性探索而逐步深化，到了 20 世纪 70 年代，仅花卉业就在兰花、百合、非洲菊、大岩桐、菊花、香石竹、矮牵牛等二十几种花卉幼苗生产上建立起大规模试管苗商品化生产，到 1984 年世界花卉幼苗产业的生产总值已达 20 亿美元，其中美国花卉幼苗市场总值为 6 亿多美元，日本三友种苗公司有 60% 的幼苗靠组织培养技术繁殖。1985 年仅兰花一项，在美国注册的公司就有 100 余家，年销售额在 1 亿美元以上。组织培养技术的应用加快了花卉新品种的推广。以前靠常规方法推广一个新品种要几年甚至 10 多年，而现在快的只要 1～2 年就可在世界范围内达到普及和应用。

我国采用快速繁殖技术，也使优良品种实现迅速推广和应用。如广东切花菊"黄秀凤"，通过组织培养技术，菊花变大、长势加强、花色鲜艳、抗病力增强；将自然界的几百个野生金钱莲品种繁殖驯化，培养了一批园林垂直绿化的材料，促进了园林业的发展。据不完全统计，目前至少有上千种草本植物已经成功建立组培体系，其中 60 余属、数百种兰花可以用组织培养的方法进行繁殖，其中春兰、蕙兰、墨兰、寒兰、建兰、莲瓣兰等国兰品种相继建立了快繁体系（李子红、贾燕，2006 年）。

植物组织培养也存在一定的困难，首先，有些植物由于繁殖方法的问题尚未解决，因而无法满足生产的需要，其次，在培养过程中如何减少变异株的发生也是一个问题，更重要的是如何降低组培苗工厂化生产的成本，只有降低成本，才能更好地投产应用。总之，随着组织培养这一技术的发展及各种组织培养方法的广泛应用，这一技术在遗传育种、品种繁育等方面表现出了巨大的潜力，特别是在生物工程和工厂化育苗实施以后，其将以新兴产业的面貌在技术革命中发挥重大作用。

2）工业生产上的应用前景

植物组织培养也能应用在植物次生产物的生产上。通过组织或细胞的大规模培养,可提取由组织或细胞产生的次生代谢物质,从而达到高效生产各种天然代谢产物的目的,如蛋白质、脂肪、糖类、药物、香料、生物碱及其他活性化合物。目前,用单细胞培养生产蛋白质,可给饲料和食品工业提供充足的原料;用组织培养方法可生产微生物以及人工不能合成的药物或有效成分,有些已投入生产。大约已有 20 多种植物的培养组织中的有效物质高于原植物,国际上已获得这方面的专利 100 多项。已从 200 多种植物的组织或细胞中获得了 500 多种有效代谢化合物。

3）在植物种质资源保存上的应用前景

具有独特遗传性状的生物物种的绝迹是一种不可挽回的损失。利用植物组织和细胞低温保存种质,可大大节约人力、物力和土地,同时也便于种质资源的交换和转移,防止病虫害的人为传播,给保存和抢救有用基因带来了希望。例如胡萝卜和烟草等植物的细胞悬浮物,在$-196 \sim -20\ ^{\circ}\mathrm{C}$的低温下贮藏数月尚能恢复生长,再生成植株。

4）在遗传、生理、生化和病理研究上的应用前景

组织培养推动了植物遗传、生理、生化和病理学的研究,已成为植物科学研究中的常规方法。在细胞培养中很容易引起变异和染色体变化,从而得到作物的附加系、代换系和易位系等新类型,为染色体工程研究开辟了新途径。植物组织培养有益于进行植物的矿物质营养、有机营养、生长活性物质等方面的研究。用单细胞培养研究植物的光合代谢是非常理想的,已取得了有益进展。

1.2.3 展望及新技术

由于植物组织培养有快速繁殖的突出特点,对一些繁殖系数低、不能用种子繁殖的“名、优、特、新、奇”作物品种,包括脱毒苗,新育成、新引进、稀缺种苗,优良单株,濒危植物和基因工程植株等都可进行离体快速繁殖。它可不受环境、气候的影响,以比常规方法快数万倍到数百万倍的速度扩大繁殖,及时繁育出大量优质种薯和种苗。目前,部分或大部分观赏植物、园艺作物、经济林木等无性繁殖作物等都通过离体快速繁殖提供苗木,试管苗已出现在国际市场上并产业化。在未来,这一技术的应用将越来越广泛。

1）开放式植物组织培养技术

开放式植物组织培养简称开放组培,是指在抑生素的作用下,植物组织培养脱离严格无菌的操作环境,不需高压灭菌和超净工作台,利用塑料杯或其他价格低廉的容器代替组培瓶,在自然、开放的有菌环境中进行植物的组织培养,从根本上简化组织培养环节,降低组织培养成本,便于技术推广。这种方式由于降低了环境要求,减少了操作环节,在设备、场地、能源等方面都显著降低了成本。

开放组培的特点是：①培养容器的选择范围较大，不需要耐高温、高压的材料；②培养基不需高压灭菌；③接种器具不需高压灭菌；④接种与培养环境不必无菌；⑤成本低，操作方便；⑥微生物不易产生抗药性，能获得较持久的抑菌效果。

自崔刚等（2004年）对葡萄进行开放组培研究以来，在切花菊"白扇"（朱梦珠等，2019年）、地被菊、矮牵牛、金叶连翘、绣球、红掌、蝴蝶兰等（陶阿丽等，2018年）多种观赏植物上应用开放组培技术，均获得成功。赵青华等（2011年）进行魔芋开放组培研究，成功解决了有菌环境下魔芋组培的污染问题，简化了组培环节，减少了生产成本。何松林等（2003年）在有菌环境下进行文心兰组培接种操作，在培养基中加入了杀菌剂NaClO，试管苗在培养过程中未出现污染现象，可正常生长。陈瑞丹等（2007年）对梅花茎段开放式组培进行了初步研究，并取得一定效果。陈泽斌等（2017年）利用蓝莓开放组培，探究了抑菌剂在开放组培中的作用及其应用前景。

由于开放组培技术能够省去营造无菌环境的成本，因此该方法将是未来植物组织培养最有应用前景的发展方向之一。

2）光自养组培技术

光自养组培技术也叫光自养微繁（Photoautotrophic micropropagation）技术，又称无糖培养微繁（Sugar-free micropropagation）技术，由日本千叶大学设施园艺与环境控制专家古在丰树教授于20世纪80年代末提出。一般认为在植物组织培养过程中的外植体是以培养基中添加的糖作为主要碳源进行异养或兼养生长的，所以糖被看作植物组织培养中必不可少的物质；而古在丰树教授经试验发现，即使是只有米粒大小的叶片也具有一定的光合能力，在强光照和高CO_2浓度下，小植株完全能够进行光自养生长。他提出了用CO_2气体代替培养基中的糖作为植物组培苗碳源的光自养微繁理论，即采用CO_2气体代替传统培养基中的糖作为碳源，给不同种类的组培苗提供适宜的生长条件，从而能快速繁殖出优质种苗。

光自养组培技术的特点在于：①采用人工环境控制技术，用CO_2代替糖作为植物体的碳源，通过调控培养容器内的有效光量子流密度、CO_2浓度和气流速度等来提高微繁苗的光合速率，从而促进植物生长发育和快速繁殖；②其技术创新在于依靠组培微繁苗本身的光合作用来自我调节生长速度，是植物组织培养的一种全新概念，是环境控制技术和组织培养技术有机结合的产物，它适用于具有绿叶或叶绿体的幼嫩组织的微繁殖（管道平等，2006年）。光自养微繁技术解决了培养容器中气体环境（CO_2和乙烯）差、易污染等问题；与常规组织培养相比，光自养微繁技术能提高组培微繁苗的生长速度、增强组培微繁苗的品质、缩短培养时间并降低成本。

光自养组培技术目前已经成功应用于马蹄莲、非洲菊、万年青、香石竹等植物的培养中，并且获得了很好的成效。肖玉兰等（1998年）应用大型培养容器和CO_2强制性供气系统，实现了非洲菊的优质苗工厂化生产。李传业等（2004年）设计开发了无糖组培微环境控制系统。屈云慧等（2003年）研究了虎眼万年青的再生芽无糖培养生根，结果表明，在无糖培养的基质上，采用常规组培技术时发生污染的概率明显减小，在一定程度上提高了成苗率。

3）新型光源的应用

目前在组织培养中用到的新型光源包括冷阴极荧光灯（CCFL）、发光二极管（LED）。CCFL又称为冷阴极气体放电光源。CCFL光源与传统的光源相比，具备了很多优点，如散

热量小、能耗低、寿命长、体积小、显色性好、光质可调、发光均匀等。CCFL 光源的应用正朝着更广阔的领域扩展。将新型光源冷阴极荧光灯应用于植物组培技术中,不同的光质比例对植物组织培养的影响不同,最佳的比例组合将有效降低电力消耗,从而降低组培电力成本,增加生产企业的效益和产能,节约资源。

LED 是一种利用固体半导体芯片为发光材料,可以有效地将电能转变为电磁辐射的装置。LED 属于冷光源,作为新型的高效节能光源,具有节能、可以在高速开关状态下工作、环保、响应速度快等特点,已被广泛使用在植物组织培养中。

侯甲男等(2013 年)以铁皮石斛原球茎及其试管苗为材料,研究发现采用适当比例的 CCFL 光源的光质配比,有利于组培苗的光合作用和干物质积累。戴艳娇等(2010 年)通过研究新型光源辐射的不同光谱对蝴蝶兰组培苗生根和形态、色素含量、叶片碳氮代谢以及叶片酶系活性的影响,发现单色红光处理的蝴蝶兰组培苗徒长,RBG(红光/蓝光/绿光)处理组全部生根,单色蓝光处理的组培苗根系活力最高。

1.2.4 基本概念

植物组织培养是指在无菌的条件下,将离体的植物材料包括器官、组织、细胞以及原生质体在人工培养基上进行培养,使其再生发育成完整植株的过程,又称植物离体培养。

外植体是指用于接种在培养基上的各种离体的植物胚胎、器官、组织、细胞、原生质体等。

无菌操作是指用无菌的培养器皿、工具将无菌的外植体接种到无菌的培养基上,让其在人工控制的环境条件(包括光照、温度、湿度、气体等)下进行正常的增殖、生长和发育。这是进行植物组织培养的基本要求。

细胞分化是指导致细胞形成不同结构、引起功能改变或潜在发育方式改变的过程。细胞有时间上的分化,也有空间上的分化。细胞分化是组织分化和器官分化的基础,是离体培养再分化和植株再生得以实现的基础。

脱分化也叫去分化,是指离体培养条件下生长的细胞、组织或器官经过细胞分裂或不分裂,逐渐失去原来的结构和功能而恢复分生状态,形成无组织结构的细胞团或愈伤组织或者成为具有未分化细胞特性的细胞的过程。多数离体器官的细胞脱分化后会形成无组织结构的细胞团或愈伤组织,有些离体器官的细胞不需要经过细胞分裂,只是本身细胞恢复分生状态。

愈伤组织是在植物体局部受到创伤刺激后,在伤口表面新生出来的一团无定形的组织,其本质为未分化的大型薄壁细胞,可以通过进一步诱导器官再生或胚状体而形成完整植株。

器官分化是指培养条件下植物组织或细胞团分化形成不定根、不定芽等器官的过程。

体细胞胚或胚状体是指在离体培养条件下,没有经过受精过程,但是经过了胚胎发育过程而形成的胚状类似物,此现象无论在体细胞培养还是在生殖细胞培养中均可以看到,因而统称为体细胞胚或胚状体。在离体植物细胞、组织或器官培养过程中,一个或一些体细胞经过胚胎发生和发育过程,形成了与合子胚类似的结构。

1.2.5　基本原理

1）植物细胞的全能性

（1）细胞全能性的概念

在一个有机体内每一个活细胞均具有同样的或基本相同的成套遗传物质，而且具有发育为完整有机体或分化为任何细胞所必需的全部基因，这就是细胞全能性。

（2）植物细胞全能性的证明

1902年，德国植物学家哈伯兰特预言植物体的任何一个细胞都有长成完整个体的潜在能力，这种潜在能力就叫植物细胞的"全能性"。为了证实这个预言，他将高等植物的叶肉细胞、髓细胞、腺毛、雄蕊毛、气孔保卫细胞、表皮细胞等多种细胞放置在自己配制的营养物质中（人工配制的营养物）——称为培养基。这些细胞在培养基上可生存相当长一段时间，但他只发现有些细胞增大，始终没有看到细胞分裂和增殖。

1934年，美国的怀特用无机盐、蔗糖和酵母提取物配制成White培养基，培养番茄根尖切段，在切段的切口处长出了一团愈合伤口的新细胞，这团细胞被称为愈伤组织。法国的高斯雷特制成了一种固体培养基，使山毛柳、黑杨的形成层组织增殖，最后形成了类似藻类的突起物。1946年，中国学者罗士韦培养菟丝子的茎尖，其在试管中形成了花。

之后，许多科学家为证实植物细胞具有全能性的论断做着不懈的努力。1958年，斯图尔特等将高度分化的胡萝卜根的韧皮部组织细胞放在合适的培养基上培养，发现根细胞会失去分化细胞的结构特征而发生反复分裂，最终分化成具有根、茎、叶的完整植株；1964年，古哈和马贝斯布瓦里（Mabesbwari）利用毛叶曼陀罗的花药培育出单倍体植株；1969年尼奇（Nitch）将烟草的单个单倍体孢子培养成完整的单倍体植株；1970年斯图尔特用悬浮培养的胡萝卜单个细胞培养出可育的植株（图1-2）。至此，经过科学家们多年的不断试验，植物分化细胞的全能性得到了充分论证，建立在此基础上的组织培养技术也得到了迅速发展。

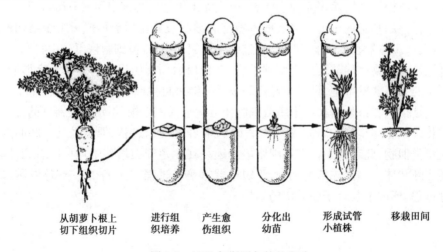

图1-2　1958年斯图尔特的实验

（3）细胞全能性的相对性

细胞是植物体的基本结构和功能单位。细胞通过不断分裂、繁殖和分化,形成不同的组织和器官,这些执行不同功能的组织和器官构成完整的植物体。它们一部分继续保持分生能力,一部分成为不具备分裂能力的永久组织。

即使高度分化的植物体细胞也具有全能性,植物细胞在离体的情况下,在具有一定营养物质、激素以及其他适宜的外界条件下,才能表现其全能性。

已发生分化的细胞只有处于离体状态下才能表现其全能性。将离体的植物器官、组织、细胞放在人工配制的培养基上培养,给予适当的培养条件,诱导其产生愈伤组织、生芽,最终形成完整的植株。

2）植物细胞的分化与脱分化

（1）定义

细胞分化:导致细胞形成不同结构,引起功能改变或潜在发育方式改变的过程。

一个细胞可以通过分化形成不同的组织或器官细胞。如茎尖的分生细胞,繁殖后一部分细胞伸长形成木质部细胞,一部分分化为茎叶。

细胞分化是组织分化和器官分化的基础,也是离体培养再分化和植株再生得以实现的基础。

脱分化:在离体培养的条件下,一个成熟细胞失去原来的结构和功能而恢复为分生状态并形成无组织结构的细胞团或愈伤组织的现象。如扦插的插穗在适宜的条件下,其切口处会长出愈伤组织。

一个植物细胞所能向分生状态恢复的程度及脱分化的能力,取决于它在自然部位所处的位置和生理状态。

一般来说,植物细胞的脱分化能力大小如下:营养生长中心>形成层>薄壁细胞>厚壁细胞>特化细胞。

（2）细胞分化的规律与机理

①细胞分化可分为形态结构分化和生理生化分化两类。生理生化分化出现在形态结构分化之前,因为不同基因活化的结果表现为合成不同的酶或蛋白质。

②发育中的植物不存在部分基因组永久关闭的情况,即不同组织的细胞保持潜在的全能性,只要条件合适,这种全能性就能表现出来。

③细胞分化可分为决定和分化特征表现两个阶段。决定阶段:指胚胎细胞在发育过程中发生的不可逆的特化现象,是细胞发育途径的确定,是细胞分化的早期过程;分化特征表现阶段:从决定到表现特定细胞特征需要经过几代细胞的传递。在完整植株中,细胞发育的途径一旦被"决定",通常不易改变,但离体培养可通过脱分化而改变这种"决定"。

④极性是植物分化的基本现象,通常是指植物的器官、组织甚至单个细胞在不同轴向上存在的某种形态结构和生理分化上的梯度差异。极性一旦建立,一般情况下难以逆转。

3) 植物形态建成

(1) 愈伤组织的形成

愈伤组织原指植物体的局部受到创伤刺激后,在伤口表面新生的组织。它由活的薄壁细胞组成,可起源于植物体任何器官内各种组织的活细胞。

从单个细胞或一块外植体形成典型的愈伤组织,大致要经历三个时期:

①诱导期——细胞准备恢复分裂的时期。

通过一些刺激因素和激素的诱导作用,使处在静止状态的成熟细胞的合成代谢活动加强,迅速进行蛋白质和核酸的合成,细胞大小的变化不大。

诱导原理:静止细胞是具有分裂潜力的,只是被存着的一类抑制剂抑制,如果除去抑制物质,就可恢复分裂能力。这些抑制物质的作用是阻碍 DNA 复制,若加入抵消抑制剂影响的物质,那么细胞就可立即进行 DNA 复制,全部细胞进入合成期并发生同步分裂。

②分裂期。

分裂期指细胞通过一分为二的分裂,不断增生子细胞的过程,即脱分化的过程。

特点:细胞的数目迅速增加,如胡萝卜根细胞在培养 7 天后,细胞数可增加 10 倍;每个细胞的平均鲜重下降,这是由于细胞鲜重的增加不如细胞数目的增速快;子细胞有体积小、内无液泡的特点,和根茎尖的分生组织细胞一样;细胞的核和核仁体积增加到最大;细胞中 RNA 含量减小,DNA 含量保持不变;组织的总干重、蛋白质和核酸含量逐渐增加,新细胞壁的合成极快。

此时愈伤组织的形态特征为细胞分裂快,结构疏松,缺少有组织的结构,维持不分化的状态。

③分化期。

细胞停止分裂,内部发生生理代谢变化,导致细胞在形态和生理功能上分化,出现形态和功能各异的细胞。

主要特征:a. 细胞分裂部位和方向发生改变。分裂期的细胞分裂局限在组织的外缘,主要是单周分裂,在分化期开始后,愈伤组织表层细胞的分裂逐渐减慢直至停止,愈伤组织内部深处的局部地区的细胞开始分裂,分裂面的方向改变了,出现了瘤状结构的外表和内部分化。b. 分生组织的瘤状结构和维管组织形成。当愈伤组织生长速度减慢时,就形成了由分生组织组成的瘤状结构,它变成不再进一步分化的生长中心,而在其周缘产生扩展的薄壁细胞,瘤状结构团团散布在愈伤组织块中;这时形成了维管组织,但不形成维管系统,而是分散的节状和短束状结构,它可单由木质部组成,也可由木质部、韧皮部乃至形成层组成,细胞分裂素促进维管组织形成。c. 细胞的体积突然不再减小,保持相对不变。d. 出现了各种类型的细胞,如薄壁细胞、分生细胞、管胞、石细胞、纤维细胞、色素细胞、毛状细胞、细胞丝状体等。e. 生长旺盛的愈伤组织一般呈奶黄色或白色,有光泽,也有淡绿色或绿色的,老化的愈伤组织多转变为黄色甚至褐色。

(2) 器官发生

器官发生是指培养条件下的组织或细胞团(愈伤组织)分化形成不定根、不定芽等器官的过程。一般分为直接器官发生和间接器官发生两种。

①直接器官发生中,植物的芽或根是不经愈伤组织,即没有脱分化过程,而直接由外植体诱导和发育而产生的。一般是外植体中已经存在器官原基,进一步培养即可形成相应的组织器官进而再生植株,如茎尖、根尖、块茎、腋芽等的培养。也有情况是,外植体中不存在器官原基,但

经过培养可由外植体中长出不定芽进而再生植株,如以非洲紫罗兰叶片为外植体进行组织培养时可由叶肉细胞直接再生芽。

②间接器官发生中,器官的发育以产生愈伤组织为基础。外植体(已分化的成熟组织)经脱分化产生愈伤组织后,经再分化形成"生长中心",即拟分生组织,进一步分化后产生植物器官。其有三种方式,包括先芽后根、先根后芽、根芽同时发生(维管束不相连)。

由愈伤组织再分化器官一般要经过三个阶段:愈伤组织形成(脱分化)阶段、生长中心形成(分裂)阶段和器官原基器官形成(再分化)阶段。

(3)体细胞胚的发生

体细胞胚即胚状体,是指在离体培养条件下没有经过受精过程,但经过了胚胎发育过程所形成的胚的类似物。体细胞胚不同于合子胚,其没有经过两性细胞融合,在形态、体积上也与合子胚有区别,且具有双极性。

实验证明,无论是裸子植物还是被子植物,在离体培养的条件下,它们的体细胞都能表现出胚胎发生的潜力。据不完全统计,迄今已在超过100种植物中有过体细胞胚发生的现象,其中包括双子叶植物、单子叶植物,有草本植物也有木本植物。由此可见,体细胞胚的发生是一种相当普遍的现象。

由外植体经体细胞胚形成完整植株,可分为三个不同的发育阶段:①外植体脱分化。外植体发生细胞分裂,进而形成愈伤组织,与不定芽的发生过程相似。②体细胞胚的形成。细胞经脱分化后发生持续的细胞分裂增殖,并依次经过原胚期、球形胚期、心形胚期、鱼雷胚期、子叶期,进而形成成熟的有机体。③体细胞胚再发育成完整植株。

在离体培养中形成的胚皆称为体细胞胚,简称体胚。

体细胞胚一般有三种发生途径。

①从外植体直接发生。从培养中的器官、组织、细胞或原生质体直接分化成胚,中间不经过愈伤组织阶段。如葡萄风信子以花蕾为外植体,在添加了一定量的6-苄氨基嘌呤(6-BA)后可以直接诱导出体细胞胚,进而发育成完整植株。

②经胚性愈伤组织发生。外植体先产生愈伤组织,然后由愈伤组织分化成胚,且体细胞胚的形成分两个阶段完成,即胚性愈伤组织的形成、体细胞胚的发育。如红姜花(涂红艳等,2014年),可以花丝和花药为外植体,在添加了一定浓度的2,4-二氯苯氧乙酸(2,4-D)、萘乙酸(NAA)、6-BA后可以获得胚性愈伤组织,进而发育成完整植株。

胚性愈伤组织从外观来看,具有松散、色淡等特点,如果用镊子或其他工具轻轻地触碰,其容易散开,在体式镜下观察,其表面有圆球形的颗粒状凸起,在显微镜下能够观察到其上有芽形成。

③通过胚性悬浮细胞系的建立发生。大量研究表明,大多数植物在组织培养过程中,随着继代次数的增加,胚性愈伤组织的数量会减少甚至消失,失去产生体细胞胚的能力,但是将胚性愈伤组织细胞置于悬浮液中培养,则会增加胚性愈伤组织的数量。在胚性悬浮细胞系的建立方面有很多成功的案例,如龙眼、红姜花、仙客来、丰花月季等。其中,从愈伤组织产生胚状体最为常见,如果诱导出了胚性愈伤组织,就等于得到了胚胎,后面的发育就容易得多,所以很多实验都以胚性愈伤组织的诱导为目的。

对于一些特殊的植物如兰科植物,外植体可以诱导产生原球茎或同时产生一些愈伤组织,原球茎分化形成芽和根、形成再生植株。原球茎是扁形的球状物,是兰科植物在离体培养过程中产生的特有的不带叶的苗,其基部生有假根。有些原球茎还能增殖,形成原球茎丛。

体细胞胚与不定芽的区别:体细胞胚具有两极性,即在发育的早期阶段,从其方向相反的两端分化出茎端和根端,而不定芽或不定根均为单向极性;体细胞胚的维管组织与外植体的维管组织无结构上的联系,而不定芽或不定根总是与愈伤组织的维管组织相联系;体细胞胚的维管组织的分布是呈独立的"V"字形,而不定芽的维管组织无此现象。

体细胞胚与合子胚的区别:体细胞胚来源于体细胞,合子胚来源于受精卵;体细胞胚萌发率低、质量差,合子胚萌发率高、质量好;体细胞胚的胚柄不明显或没有,合子胚的胚柄明显;体细胞胚形态复杂,常有两个以上的子叶体积相对较大,而合子胚的形态固定,体积相对较小;体细胞胚变异率高,合子胚变异率低。

综上,外植体成苗途径如图 1-3 所示。

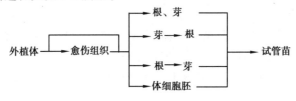

图 1-3　外植体成苗途径

4)外源激素

植物激素是植物在新陈代谢中产生的天然化合物,它能以极微小的量影响植物的细胞分化、分裂、发育,影响植物的形态建成、开花、结实、成熟、脱落、衰老、休眠以及萌发等许许多多的生理生化活动。在培养基的各成分中,植物激素是培养基的关键物质,对植物组织培养起着决定性作用。外源激素指的是人工施用的、来自体外的天然或合成的化合物,能够引起体内激素即内源激素变化,从而起到调节植物生长的作用。

(1)激素种类

①生长素类。

在自然界中,生长素影响到茎和节间的伸长、向性、顶端优势、叶片脱落和生根等现象。在组织培养中,生长素主要被用于诱导愈伤组织形成,诱导根的分化和促进细胞分裂、伸长生长。在促进生长方面,根对生长素最敏感,在极低的浓度下生长素就可促进根生长;其次是茎和芽。

天然的生长素热稳定性差,受高温高压或光照条件影响,结构易被破坏。在植物体内,生长素也易被体内酶分解。吲哚乙酸(IAA)、NAA 和 2,4-D 等都具有热稳定性,所以组织培养中常用人工合成的生长素类物质。

IAA 是天然存在的生长素,亦可人工合成,其活力较低,是生长素中活力最弱的激素,对器官形成的副作用小,高温高压下易被破坏,也易被细胞中的 IAA 分解酶降解,受光易分解。

NAA 在组织培养中的启动能力要比 IAA 高出 3～4 倍,且由于可大批量人工合成、耐高温高压、不易被分解破坏,所以应用较普遍。NAA 广泛用于生根,并与细胞分裂素相互作用,促进芽的增殖和生长。

吲哚丁酸(IBA)是促进发根能力较强的生长调节物质,可以促进植物主根生长,提高发芽率、成活率。其常用于木本和草本植物的浸根移栽、硬枝扦插等,也可用于组织培养中根的诱导。

2,4-D 在组织培养中的启动能力比 IAA 高 10 倍,特别在促进愈伤组织的形成上活力最高,但它强烈抑制芽的形成、影响器官的发育。其适宜的用量范围较狭窄,过量常有毒副效应。

一般使用的生长素浓度为 0.05 ~ 5 mg/L。生长素一般溶于 1 mol/L 的 NaOH 或 95% 酒精中,2,4-D 还可溶于二甲基亚砜(DMSO)。IAA 贮备液由于在几天之内即能发生光解而变为粉色,因此必须置于棕色瓶中避光保存,而且贮存时间最好不超过 1 周。

②细胞分裂素类。

细胞分裂素类是腺嘌呤的衍生物,包括 6-BA、激动素(KT)、玉米素(ZT)和异戊烯腺嘌呤(2-ip)等。其中 ZT 和 2-ip 是天然的植物激素,KT 和 6-BA 是人工合成的产物。ZT 活性最强但非常昂贵,6-BA 在生产、科研中最常用。

6-BA,第一个人工合成的细胞分裂素,其在促进发芽、促进花芽分化、提高坐果率、促进果实生长、提高果实品质等多方面表现良好。

KT,第一个被发现具有细胞分裂素作用的物质。此物质具有高度生理活性,广泛存在于海藻等大多数植物体中,具有促进细胞分化、分裂、生长,诱导愈伤组织长芽,解除顶端优势,促进种子发芽,打破侧芽休眠,诱导花芽分化等作用。

ZT,能促进植物细胞分裂,阻止叶绿素和蛋白质降解,减慢呼吸作用,保持细胞活力,延缓植株衰老。其在植物体内的移动性差,一般随蒸腾水流在木质部运输。其可促进愈伤组织发芽,一般与生长素配合使用。

2-ip,一种可溶性细胞分裂素,主要生理功能是促进细胞的分裂和分化以及生长活跃部位的生长发育,适用于多种作物。

此外,还有人工合成的具有细胞分裂素活性的 TDZ(N-苯基-N'-1,2,3,-噻二唑-5-脲)。低浓度的 TDZ 在组织培养过程中能诱导愈伤组织的生长,促进侧芽及不定芽的发生,促进胚状体形成,其使用浓度(0.002 ~ 0.2 mg/L)也比其他细胞分裂素要低得多,使用浓度增加会使玻璃化苗的出现频率增加、玻璃化程度加重。

在培养基中添加细胞分裂素有三个作用:a. 诱导芽的分化,促进侧芽萌发生长,且细胞分裂素与生长素存在相互作用,当组织内细胞分裂素/生长素的比值高时,可诱导愈伤组织或器官分化出不定芽。b. 促进细胞分裂与扩大。c. 抑制根的分化。因此,细胞分裂素多用于诱导不定芽的分化以及茎、苗的增殖,但避免在生根培养时使用。

细胞分裂素与生长素的比值决定着发育的方向,比值高将促进愈伤组织或不定芽生长,比值低促进长根。例如,为了促进芽器官的分化,应除去生长素或降低生长素的浓度,或者调整培养基中生长素与细胞分裂素的比例。

细胞分裂素一般溶于 1 mol/L 的 HCl 中。各种细胞分裂素的贮备液可以在冰箱中保存数月而不降解。另外,细胞分裂素具有热稳定性,可以对其进行高温灭菌。

生长调节物质的使用量极少,一般用"mg/L"表示浓度。在组织培养中生长调节物质的使用浓度,因植物的种类、外植体取材部位、生长时期、内源激素等的不同而不同,一般细胞分裂素用量为 0.05 ~ 10 mg/L。

③赤霉素类。

赤霉素类是二萜类酸,有 20 多种。在组织培养中所用的是其中一种——GA$_3$,为广谱性的植物生长调节剂。它的用途很广泛,能促进细胞伸长,加速植物的生长和发育,提高产品的产量和改善产品的品质,并促进植株提早成熟;打破某些蔬菜种子(如土豆、豌豆等)的休眠,并促进

其发芽;改变瓜类蔬菜的雄花和雌花的比例,防止花朵脱落,提高结果率,形成无籽果实;还可促使一些叶菜(如菠菜、苋菜)类蔬菜叶片扩大。

赤霉素类能抑制体细胞胚的发生,但对于许多植物而言,赤霉素对体细胞胚的成熟与萌发有促进作用。如蒋菁等(2013年)发现在成苗培养基中添加 GA_3 有利于促进体细胞胚诱导成苗。

④脱落酸(ABA)。

ABA 是一种具有倍半萜结构的植物激素,能引起芽休眠、叶子脱落和抑制细胞生长等。其因能促使叶子脱落而得名,可能广泛分布于高等植物中。除促使叶子脱落外,其尚有其他作用,如使芽进入休眠状态、促使马铃薯形成块茎等;对细胞的延长也有抑制作用。

ABA 是五大植物天然生长调节剂之一。单纯的天然活性 ABA 的生产成本极高。由于昂贵的价格和活性上的差异,ABA 一直未被广泛应用于农业生产,各国科学家都在寻找天然活性 ABA 的廉价生产方法。

研究表明,在组织培养技术的应用中,ABA 可以明显改善冰草成熟胚愈伤组织状态,增加胚性愈伤组织率,从而提高分化率(徐春波等,2009年);佘建明等(2002年)在水稻中籼品种"扬稻6号"的成熟胚愈伤组织继代培养过程中添加了 $3 \sim 5$ mg/L ABA,发现其能明显提高愈伤组织再生植株的频率。

ABA 难溶于水,易溶于 $NaHCO_3$ 溶液、氯仿或丙酮。ABA 具有热稳定性,但易发生光解,故其贮备液应避光保存。

(2)外源激素对愈伤组织诱导的影响

诱导愈伤组织常用的生长素是 2,4-D、IAA 和 NAA,常用的细胞分裂素是 KT 和 6-BA。有的只需单独使用 2,4-D 就能成功地诱导出愈伤组织,如福建山樱花(邹娜等,2013年),以茎段为外植体,在高浓度的 2,4-D 作用下可以诱导出愈伤组织。NAA 和 IAA 虽然也属于生长素类物质,但若代替 2,4-D 使用,只会让外植体生根,而不会产生愈伤组织。多数情况下愈伤组织的诱导需要生长素类和分裂素类物质共同作用,分裂素类物质用得较多的是 6-BA,生长素类物质常用 2,4-D,如白芨(石云平等,2013年)的愈伤组织的诱导培养基为 $MS+6-BA_{1.0\ mg/L}+2,4-D_{2.0\ mg/L}$;崇明水仙(杨柳燕等,2017年)以鳞片为外植体的愈伤组织诱导及分化培养基为 $MS+6-BA_{1.0\ mg/L}+2,4-D_{0.1\ mg/L}$。

(3)外源激素对器官发生的影响

离体培养下的器官分化在大多数情况下是通过外源提供适宜的植物激素实现的。在众多植物激素中,生长素和细胞分裂素是两类主要的植物激素,在离体器官分化调控中占据主导地位。

由于植物外植体中原有的内源激素种类和浓度不同,针对种类在组织培养过程中需要添加的生长素与细胞分裂素的浓度也不同。用有些外植体诱导根或芽时,需要将生长素与细胞分裂素按一定比例添加才有效果。比值大有利于根的分化,比值小则有利于芽的分化,比值平衡有利于愈伤组织的形成。

其他器官也可以通过改变生长素和细胞分裂素的比例的方式诱导,如陆文樑等(2000年)用 2 mg/L 6-BA 和 0.1 mg/L 2,4-D 的激素组合诱导风信子花芽从花被外植体发生,然后保持这种激素浓度,成功地诱导了 100 多片花被片连续发生,当降低 2,4-D 浓度到 $0 \sim 0.000\ 1$ mg/L 时,花被片的连续发生停止并诱导了 20 多枚雄蕊的发生。每一种植物所需的二者比值不尽相同,需要工作者们通过实验一一进行探究。

外源激素通过调节内源激素的平衡状态而控制植物体的生长发育,不同材料由于基因型不同、生理状态不同而具有不同的激素水平,因此组织培养中实验的重复性很重要。

(4)外源激素对体细胞胚发生的影响

①生长素类。

生长素是诱导体细胞胚发生的主要控制因子,所用生长素的种类因植物种类不同而不同。从大多数的报道看,生长素一般都采用2,4-D,但也有例外,如杰拉斯卡(1974年)在南瓜体细胞胚的诱导中采用NAA与IBA组合,效果显著好于2,4-D。吴丽芳等(2019年)在白刺花体细胞胚诱导中也没有采用2,4-D,其最佳的体细胞胚发生培养基为$MS+NAA_{0.5\ mg/L}+6\text{-}BA_{1.0\ mg/L}+TDZ_{0.5\ mg/L}$。

有人研究了体细胞胚发生的不同阶段与生长素之间的关系,认为在诱发产生胚性细胞时需要高浓度的生长素,在胚性细胞经球形胚、心形胚、鱼雷形胚等不同阶段发育为成熟胚的过程中所要求的生长素浓度低,而成熟胚在发育成植株时则完全不需要生长素。从胚性细胞到植株的发育过程中,生长素浓度过高,反而会抑制体细胞胚的发育或产生畸形胚。如杨洁等(2013年)对梅花品种"雪梅"的未成熟合子胚进行体细胞胚诱导时发现,2,4-D的浓度对"雪梅"诱导体细胞胚的发生有重要影响,较高浓度的2,4-D(5.0 mg/L)抑制体细胞胚的诱导,而当低浓度的2,4-D(1.0 mg/L)与0.1~0.5 mg/L的6-BA配合使用时均可直接诱导出体细胞胚。

韦祖生等(2017年)以木薯种子为外植体,发现添加了4.0 mg/L的2,4-D的培养基有利于体细胞胚发生,混合添加0.05 mg/L的BAP(6-苄基腺嘌呤)和0.50 mg/L的NAA后可进行体细胞胚增殖培养。

国外在柑橘、白菜和胡萝卜的组织培养中发现,一些愈伤组织不需要任何外源激素就能继代培养,并发生体细胞胚。我国在甘蔗、葡萄等植物中也发现过类似的情况,这种组织叫作驯化组织。驯化组织很可能是在培养过程中发生的一种突变细胞,它在激素方面具有自养的能力,也就是说驯化组织的细胞能合成其本身所需要的内源激素。

②细胞分裂素类。

细胞分裂素类对于体细胞胚发生的作用有相反的结论,有促进也有抑制体细胞胚发生的实例,这主要取决于植物的种类及其基因型。一般而言,细胞分裂素类对体细胞胚的成熟有显著的促进作用,尤其是子叶的发育。如刘静等(2018年)以宁夏枸杞新品种"宁杞8号"的幼嫩叶片为外植体进行体细胞胚诱导,发现6-BA对体细胞胚的影响显著。吴丽芳等(2019年)在对白刺花的研究中,发现TDZ对白刺花体细胞胚发生的作用比6-BA的好。

细胞分裂素类的使用浓度根据不同的植物种类、不同的外植体器官以及不同的培养目的而不同。

③赤霉素类。

赤霉素类能抑制体细胞胚的发生,但对于多数植物而言,赤霉素类对体细胞胚的成熟与萌发有促进作用。如檀香的体细胞胚在附加了$1.4\ \mu mol/L\ GA_3$的MS培养基上能顺利萌发(莫小路等,2008年),梅花品种"雪梅"也在附加了$0.5\ mg/L\ GA_3$的1/2MS培养基上可以萌发成植株。

④ABA。

ABA是植物正常生长所必需的生长调节剂,其含量受多种因素控制,在组织培养中常作为生长抑制剂使用,有时也具有生长促进作用。当ABA单独作为外源激素使用时,可以抑制芽的再生,但是当其与其他外源激素配合使用时,则具有极显著的促进芽再生的效果。研究表明,添加ABA能使植物组织培养中细胞的分化和再生能力显著提高,例如马骥等(2005年)对防风的

研究发现,添加了 0.5 mg/L ABA 的混合激素配方（6-BA$_{1\ mg/L}$+NAA$_{0.2\ mg/L}$）能够促进防风愈伤组织的分化,并且对胚状体的形成起着关键作用。ABA 在植物组织培养中还用于促进体细胞胚成熟和体细胞胚成熟过程中营养物质的合成与积累,同时也是体细胞胚萌发和休眠的重要控制因子,能诱导体细胞胚进入休眠状态。

在体细胞胚的发生过程中,低剂量的 ABA 对体细胞胚的成熟过程无抑制作用,但是可以抑制其异常增殖,并促进体细胞胚成熟及促进体细胞胚萌发。如 ABA 也可以提高杂交鹅掌楸基因型 253010 体细胞胚发生率和体细胞胚成熟率,并降低畸形胚发生率（成铁龙等,2017 年）。吴丽芳等（2019 年）使用 0.5~1.0 mg/L ABA 时,白刺花体细胞胚的萌发率相对较高,幼苗生长得比较健壮。

除了以上外源激素,还有茉莉酸甲酯（MeJA）等对体细胞胚的发生也有影响,此外,充足的还原氮、钾元素、铁元素、活性炭、高强度的光照等也是重要条件。不同的氮源对体细胞胚的发生及发育有影响,降低铵态氮浓度对体细胞胚的形成和发育有促进作用。

【检测与应用】

1. 什么是组织培养？怎样才能实现无菌操作？

2. 理论上,所有植物都可以通过组织培养的方式进行繁殖,那么各种植物进行组织培养的难易程度一样吗？同一种植物的不同外植体组织培养的难易程度一样吗,为什么？

3. 同种植物的不同外植体与细胞全能性表达有什么关系？我们应该选取哪些外植体更有利于建立再生体系？

4. 分析植物再生的途径。

5. 体细胞胚与合子胚有什么异同？

参考文献

[1] Jelaska S. Embryogenesis and organogenesis in pumpkin explants [J]. Physiol Plant, 1974 (31): 257-261.

[2] 陈瑞丹,孙文薇. 梅花品种"淡丰后"茎段开放式启动培养的初步研究[J]. 北京林业大学学报,2007(S1):30-34.

[3] 陈泽斌,李冰,高熹,等. 抑菌剂在蓝莓开放组培中的应用试验研究[J]. 中国南方果树,2017,46(03):139-142.

[4] 成铁龙,孟岩,陈金慧,等. 茉莉酸甲酯对杂交鹅掌楸体胚发育的影响[J]. 南京林业大学学报(自然科学版),2017,41(06):41-46.

[5] 崔刚,单文修,秦旭,等. 葡萄开放式组织培养外植体系的建立[J]. 中国农学通报,2004(06):36-38.

[6] 戴艳娇,王琼丽,张欢,等. 不同光谱的 LEDs 对蝴蝶兰组培苗生长的影响[J]. 江苏农业科学,2010(05):227-231.

[7] 何松林,刘震,杨秋生,等. CO$_2$ 施肥时非无菌条件下树脂膜容器内文心兰试管苗接种技术[J]. 北京林业大学学报,2003(04):49-53.

［8］侯甲男,王政,尚文倩,等.CCFL光源不同光质比对铁皮石斛原球茎增殖及试管苗生长的影响［J］.河南农业科学,2013,42(01):86-89,101.

［9］蒋菁,熊发前,唐秀梅,等.赤霉素、光照及基因型对花生体细胞胚诱导和植株再生的影响［J］.南方农业学报,2013,44(06):903-908.

［10］李传业,滕光辉,曲英华.基于PLC的无糖组培微环境控制系统［J］.中国农业大学学报,2004(04):30-34.

［11］李子红,贾燕.珍品兰花快速繁殖与养护［M］.上海:上海科学技术出版社,2006.

［12］刘静,袁婷,倪细炉,等."宁杞8号"体细胞胚胎发生体系建立［J］.广西植物,2018,38(09):1183-1190.

［13］陆文樑,白书农,张宪省.外源激素对风信子再生花芽发育的控制［J］.植物学报,2000(10):996-1002.

［14］马骥,乔琦,肖娅萍,等.防风组织培养中畸形胚状体的发生和控制［J］.西北植物学报,2005(03):552-556.

［15］莫小路,曾庆钱,邱蔚芬,等.檀香体细胞胚胎的发生及植株再生的研究［J］.食品与药品,2008(01):35-37.

［16］屈云慧,熊丽,张素芳,等.虎眼万年青离体快繁体系及无糖生根培养［J］.中南林学院学报,2003(05):56-58.

［17］佘建明,张保龙,倪万潮.影响"扬稻6号"成熟胚愈伤组织再生植株的因子［J］.江苏农业学报,2002(04):199-202.

［18］石云平,赵志国,唐凤鸾,等.白芨愈伤组织诱导、增殖与分化研究［J］.中草药,2013,44(03):349-353.

［19］韦祖生,杨秀娟,付海天,等.木薯种子体细胞胚诱导发生及植株再生体系建立［J］.南方农业学报,2017,48(12):2129-2135.

［20］吴丽芳,魏晓梅,陆伟东.白刺花胚性愈伤组织诱导及体细胞胚发生［J］.林业科学,2019,55(07):170-177.

［21］肖玉兰,张立力,张光怡,等.非洲菊无糖组织培养技术的应用研究［J］.园艺学报,1998,25(04):408-410.

［22］徐春波,米福贵,王勇,等.影响冰草成熟胚组织培养再生体系频率的因素［J］.草业学报,2009,18(01):80-85.

［23］杨洁,闻娟,晏晓兰,等."雪梅"未成熟合子胚体胚发生与植株再生［J］.北京林业大学学报,2013,35(S1):21-24.

［24］杨柳燕,蔡友铭,张昕欣,等.崇明水仙鳞片愈伤组织诱导和再分化影响因素研究［J］.中国农学通报,2017,33(28):99-103.

［25］赵青华,陈永波,滕建勋,等.开放式组织培养下魔芋快繁技术研究［J］.现代农业科技,2011(13):114-115.

［26］朱梦珠,杨惠婷,胡计红,等.切花菊"白扇"开放式组培快繁体系的建立［J］.热带作物学报,2019,40(08):1551-1558.

［27］邹娜,陈璋,林思祖,等.福建山樱花愈伤组织的诱导及植株再生［J］.核农学报,2013,27(10):1417-1423.

第2部分　基础技能

任务1　组织培养实验室的设计

【课前准备】

场地大小及基本布局平面底图。

【任务步骤】

1）布置任务

设计植物组织培养实验室,并绘制平面设计图。

2）任务目的

①理解植物组织培养实验室的各部分功能和相互之间的关系。
②正确绘制功能实用、经济的平面设计图。

3）方法步骤

(1)了解实验室的目的、要求

理想的组织培养实验室应该建立在安静、清洁、远离污染源的地方,最好在常年主风向的上风方向,尽量减少污染。规模化生产的组织培养实验室最好建在交通方便的地方,便于培养产品的运送。

实验室的建设需提前考虑两个方面的问题:一是所从事的实验的性质,即是生产性的还是研究性的,是基本层次的还是较高层次的;二是实验室的规模,主要取决于经费和实验性质。确

定实验室的性质和规模后才能进行实验室的设计。

　　无论实验室的性质和规模如何,实验室设置的基本原则是:科学、高效、经济和实用。一个组织培养实验室必须满足三个基本的需要:实验准备(培养基制备、器皿洗涤、培养基和培养器皿灭菌)、无菌操作和控制培养。此外,还可根据实验要求来考虑辅助实验室及其各种附加设施,使实验室更加完善。

　　在进行实验设计之前,首先应对工作中需要哪些最基本的设备条件有个全面的了解,以便因地制宜地利用现有房屋,或新建、改建实验室。实验室的大小取决于工作的目的和规模。如果以工厂化生产为目的,实验室规模太小则会限制生产、影响效率。如果以研究为目的,实验室规模宜小,但要求更严格。在设计组织培养实验室时,应按组织培养程序来设计,避免某些环节倒排,引起日后工作混乱。植物组织培养是在严格的无菌的条件下进行的。要达到无菌的条件,需要一定的设备、器材和用具,同时还需要人工控制温度、光照、湿度等培养条件。

　　(2)根据实验室的各部分进行功能分区

　　根据实验要求,将实验室分为一般操作区、无菌区和缓冲区。一般操作区要求不严格,与普通实验室类似;无菌区需严格密闭,需配备空气灭菌的设备;一般操作区与无菌区间要设置缓冲区,减少空气的直接对流以降低污染的概率。

　　(3)确定实验室各组成部分的基本位置

　　一般操作区包括准备室、洗涤灭菌室、药品室等,应设置在靠近门口、电梯口、通道的地方。无菌区包括无菌操作室、培养室等,应设置在靠里的位置。中间用缓冲间进行连接。

　　(4)添加仪器设备

　　将主要的仪器设备添加到相应的实验室里,设计前一定要预留专业设备如高压灭菌锅、冰箱、培养架等所需用的电位,避免在实验室建成后再进行电路改造。

【知识点】组织培养实验室

1)组织培养实验室的设计

　　(1)实验室设计原则

　　实验室设计原则:便于清洁、便于控温、便于操作、便于隔离。

　　(2)实验室的组成及设计

　　完整的植物组织培养室通常包括化学实验室(准备室)、洗涤灭菌室、缓冲室、风淋室、无菌操作室(接种室)、培养室、细胞学实验室(观察室)和驯化室等。除必备的无菌操作室、培养室和洗涤灭菌室外,其他的可以根据实际需要和条件进行合并或删减;但从功能上来说,至少应包括洗涤灭菌室、无菌操作室和培养室三部分,并且按顺序排列。在化学实验室与无菌操作室之间应留有缓冲空间。

　　①化学实验室(准备室)。

　　化学实验室用于完成所使用的各种药品的贮备、称量、溶解、配制、培养基分装等。

　　②洗涤灭菌室(可与化学实验室合并)。

　　洗涤灭菌室用于完成各种器具的洗涤、干燥、保存,培养基的灭菌等。

③缓冲室。

缓冲室是进入无菌操作室前的一个缓冲场地,减少人体从外界带入的尘埃等污染物。工作人员在此换上工作服、拖鞋、戴上口罩,才能进入无菌操作室和培养室,减少进出时带入的杂菌。

缓冲室不需要太大,3~5 m² 即可,应保持清洁无菌,并有清洁的实验用拖鞋、已灭过菌的工作服;缓冲室的门与接种室的门错开,不要同时开启,避免空气对流,以保证无菌操作室内不因开门和人员进出而被带入杂菌。缓冲室最好也安一盏紫外线灭菌灯,用以照射灭菌。

④风淋室。

风淋室用于吹除进入无菌区域的人或其携带的物品附着的尘埃,同时风淋室也起着气闸的作用,防止未经净化的空气进入洁净领域,是进行人身净化和防止室外空气污染洁净区的有效装备。如果条件允许,尽可能将人、物通道分离,这样便于更有效地处理物体表面的杂菌。

⑤无菌操作室(接种室)。

无菌操作室主要用于植物材料的消毒、接种、培养物的转移、试管苗的继代、原生质体的制备以及一切需要进行无菌操作的技术程序。

无菌操作室宜小不宜大,一般为 7~8 m²,要求地面、天花板及四壁尽可能密闭、光滑,易于清洁和消毒。配置拉动门,以减少开关门时的空气扰动。室内要求干爽安静,清洁明亮;在适当位置吊装 1~2 盏紫外线灭菌灯,用以照射灭菌;最好安装一小型空调,使室温可控,这样可使门窗紧闭,减少与外界空气对流。

⑥培养室。

培养室是将接种的材料进行培养、供其生长的场所。培养室的大小可根据所需培养架的大小、数目及其他附属设备而定。其设计以充分利用空间和节省能源为原则。其高度以比培养架略高为宜,周围墙壁要求具有绝热防火的性能。

培养材料应放在培养架上培养。培养架大多由金属制成,一般设 5 层,最低一层离地高约 10 cm,其他每层间隔约 30 cm,培养架高约 1.7 m。培养架的长度一般为 1~2 m,宽度一般为 60 cm。也可根据实际需要进行调整。培养架之间需要设置能够通过小推车的过道,方便拿取材料,过道的宽度一般为约 0.8 m。光源可选用白炽灯,也可选用 LED 或 CCFL 等新型光源。

培养室最重要的因子是温度,一般保持在 20~27 ℃,具备产热装置,并安装窗式或立式空调机。由于热带植物和寒带植物等不同种类的植物要求不同的温度,因此最好不同种类的植物有不同的培养室。

室内湿度也要求恒定,相对湿度以保持在 70%~80% 为好,可安装加湿器。可安装定时开关控制光照时间,一般需要每天光照 10~16 h,也有的需要连续照明。短日照植物需要短日照条件,长日照植物需要长日照条件。也有现代组织培养实验室设计为采用天然太阳光作为主要能源,这样不但可以节省能源,而且组培苗接受太阳光时生长良好,驯化易成活;在阴雨天可用灯光作补充。

⑦细胞学实验室(观察室)。

细胞学实验室用于对培养物的观察分析与培养物的计数等。

⑧驯化室。

驯化室用于试管苗出瓶后的驯化,可设置在室内也可设置在室外。

以上实验室的组成可根据场地和实际需要进行合并和选择,但无菌区(包括无菌操作室和培养室)和有菌区需要通过缓冲室来连接。(图 2-1)

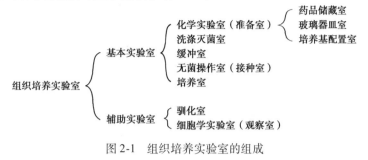

图 2-1　组织培养实验室的组成

2)实验设备

(1)化学实验室(准备室)

药品柜、防尘橱(放置培养容器)、冰箱、电子天平、蒸馏水器、酸度计及常用的培养基配制用玻璃仪器。

(2)洗涤灭菌室

水池、操作台、高压灭菌器、鼓风干燥箱(如烘箱)等。

(3)缓冲室

紫外线灯、水槽、鞋帽架、柜子、已灭菌的工作服、口罩、清洁的拖鞋等。

(4)无菌操作室(接种室)

紫外光源、超净工作台、消毒器、酒精灯、接种器械(接种镊子、剪刀、解剖刀、接种针)等。

(5)培养室

培养架、空调、恒温培养摇床、培养箱、紫外光源等。

(6)细胞学实验室(观察室)

双筒实体显微镜、显微镜、倒置显微镜等。

(7)其他小型仪器设备

分注器、血球计数器、移液枪、过滤灭菌器、电炉等加热器具、磁力搅拌器、低速台式离心机等。

3)案例

如图 2-2、图 2-3 分别为某重点实验室组织培养室和某工厂组织培养室的设计图,可以根据实际需要对多个区域进行整合,设计出满足需求的组织培养实验室。

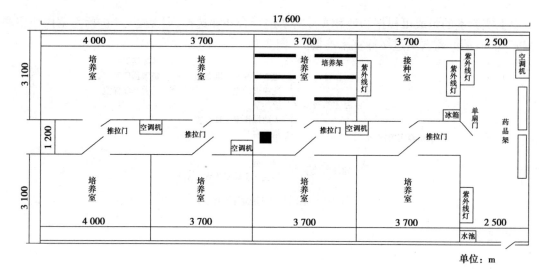

图 2-2　某重点实验室组织培养室的设计图

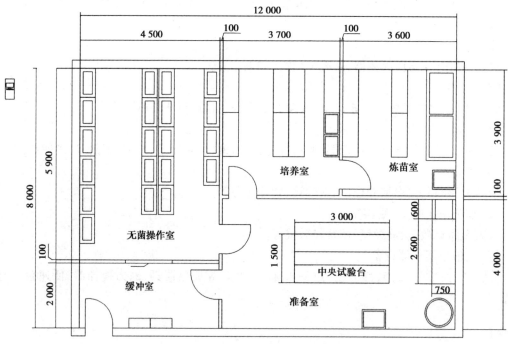

组织培养实验室平面图　　单位：m

图 2-3　某工厂组织培养室的设计图

【检测与应用】

1. 试分析如图 2-4 所示的实验室设计合理与否, 为什么。

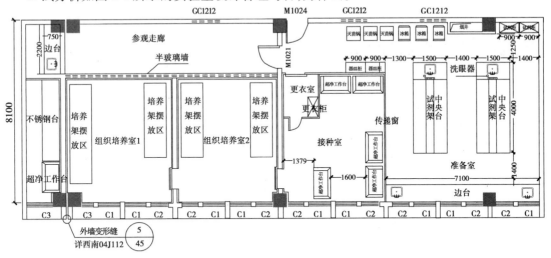

图 2-4　某高校组织培养室的设计图

2. 请你调查你所在学校的植物组织培养实验室由哪几部分组成, 绘制其平面图, 并说明各部分设置是否合理。

任务 2　培养基的配制及灭菌

任务 2-1　MS 母液的配制

【课前准备】

母液是欲配制培养基的浓缩液,一般配成比所需溶液浓度高 10~100 倍的溶液。其具有保证各物质成分的准确性、便于配置时快速移取、便于低温保存等优点。

药品:NH_4NO_3、KNO_3、$CaCl_2 \cdot 2H_2O$、$MgSO_4 \cdot 7H_2O$、KH_2PO_4、$MnSO_4 \cdot 4H_2O$、$ZnSO_4 \cdot 7H_2O$、$CoCl_2 \cdot 6H_2O$、$Na_2MoO_4 \cdot 2H_2O$、KI、H_3BO_3、$Na_2\text{-EDTA}$、烟酸、盐酸吡哆素、盐酸硫胺素、肌醇、甘氨酸、各种生长调节剂等。

【任务步骤】

1)布置任务

配制各浓度 MS 母液各 500 mL,各生长调节剂母液(100 mg/L)500 mL。

2)任务目的

①配制 MS 母液。
②正确配制生长调节剂母液。

3)方法步骤

(1)MS 母液的配制
①分类计算。

将 MS 母液各成分按照大量元素、微量元素(除铁)、铁盐、有机物等进行分类,按照实际需求确定所需 MS 母液的倍数,再根据确定的倍数和体积计算所需称取的量。如表 2-1~表 2-4。

表 2-1　大量元素的计算(MS I)

序号	化学药品	浓度/mg·L^{-1}	扩大 20 倍称取量/g·500 mL^{-1}
1	NH_4NO_3	1 650	16.5
2	KNO_3	1 900	19.0
3	$CaCl_2 \cdot 2H_2O$	440	4.4
4	$MgSO_4 \cdot 7H_2O$	370	3.7

续表

序号	化学药品	浓度/mg·L^{-1}	扩大 20 倍称取量/g·500 mL^{-1}
5	KH$_2$PO$_4$	170	1.7

注：CaCl$_2$·2H$_2$O 需单独配制。

表 2-2　微量元素的计算（MSⅡ）

序号	化学药品	浓度/mg·L^{-1}	扩大 100 倍称取量/g·500 mL^{-1}
1	MnSO$_4$·4H$_2$O （MnSO$_4$·H$_2$O）	22.3 （21.4）	1.115
2	ZnSO$_4$·7H$_2$O	8.6	0.43
3	CoCl$_2$·6H$_2$O（CoCl$_2$）	0.025（0.013 7）	0.001 25（0.000 68）
4	CuSO$_4$·5H$_2$O	0.025	0.001 25
5	Na$_2$MoO$_4$·2H$_2$O	0.25	0.012 5
6	KI	0.83	0.041 5
7	H$_3$BO$_3$	6.2	0.31

表 2-3　铁盐的计算（MSⅢ）

序号	化学药品	浓度/mg·L^{-1}	扩大 100 倍称取量/g·500 mL^{-1}
1	Na$_2$-EDTA	37.3	1.865
2	FeSO$_4$·7H$_2$O	27.8	1.39

表 2-4　有机物的计算（MSⅣ）

序号	化学药品	浓度/mg·L^{-1}	扩大 100 倍称取量/g·500 mL^{-1}
1	烟酸	0.5	0.025
2	盐酸吡哆素（VB$_6$）	0.5	0.025
3	盐酸硫胺素（VB$_1$）	0.1	0.005
4	肌醇	100	5
5	甘氨酸	2	0.1

②配制。

称取各成分,分别溶解后充分混合,然后定容到相应体积。为了后期操作方便,尽量将同类药品混合在一起。

③母液的保存。

将配制好的母液分别装入试剂瓶中,贴好标签,注明各培养基母液的名称、浓缩倍数、日期、配制人等。注意将易分解、氧化的溶液放入棕色瓶中,在冰箱内 4 ℃下保存。

④配制培养基母液的注意事项。

a. 一些离子易发生沉淀,可先用少量蒸馏水溶解,再按配方顺序依次混合。

b. 配制母液时必须用蒸馏水或重蒸馏水。

c. 药品应用化学纯或分析纯。

(2)生长调节剂母液的配制

①计算。

各种生长调节剂用量如表2-5所示。

表2-5 生长调节剂的配制

序号	生长调节剂名称	浓度/mg·L^{-1}	称取量/mg·500 mL	配制方法
1	NAA	100	50	95%酒精助溶
2	IAA	100	50	95%酒精助溶
3	IBA	100	50	95%酒精助溶
4	2,4-D	100	50	氢氧化钠溶液助溶
5	KT	100	50	稀盐酸助溶
6	6-BA	100	50	稀盐酸助溶
7	ZT	100	50	95%酒精助溶
8	TDZ	100	50	氢氧化钠溶液助溶

②各种生长调节剂母液的配制方法。

a. NAA(100 mg/L)。

在50 mg NAA中加入少量95%酒精,至完全溶解后逐滴加入蒸馏水,直至酒精和蒸馏水完全互溶,用蒸馏水定容至500 mL。

b. IAA(100 mg/L)。

将50 mg IAA溶于50 mL水中,加入95%酒精溶解,至完全溶解后逐滴加入蒸馏水,直至酒精和蒸馏水完全互溶,用蒸馏水定容至500 mL。

c. IBA(100 mg/L)。

将50 mg IBA用少量酒精溶解,若溶解不全可加热,冷却后逐滴加入蒸馏水,直至酒精和蒸馏水完全互溶,用蒸馏水定容至500 mL。

d. 2,4-D(100 mg/L)。

将50 mg 2,4-D粉末溶于50 mL左右的蒸馏水中,逐滴加入1 mol/L的碱溶液直至2,4-D完全溶解,再缓慢加入蒸馏水,然后定容至500 mL。

e. KT(100 mg/L)。

KT溶于强酸、碱及冰乙酸中,微溶于酒精、丙酮和乙醚,不溶于水。配制时将50 mg KT先溶于1 mol/L的盐酸中,完全溶解后再加蒸馏水定容至500 mL。

f. 6-BA(100 mg/L)。

将50 mg 6-BA粉末溶于1 mol/L的HCl溶液直至完全溶解,然后缓慢加入蒸馏水,定容至

500 mL。

g. ZT(100 mg/L)。

将 50 mg ZT 加入 95% 酒精中至溶解,逐滴添加蒸馏水至水醇互溶,然后加蒸馏水定容至 500 mL。

h. TDZ(100 mg/L)。

将 50 mg TDZ 用 1 mol/L 的 NaOH 溶液溶解后,再加蒸馏水定容至 500 mL。

③生长调节剂母液的保存。

配置好的母液贴好标签后放入冰箱中 4 ℃保存,对于遇光易分解的 IAA 则使用棕色瓶保存。配置好的母液应在 3 个月内用完。

④生长调节剂的灭菌。

多数生长调节剂可以直接添加到培养基中,随培养基一起通过高压灭菌的方法进行灭菌,但部分生长调节剂尤其是天然激素不耐高温,需用抽滤的方式除菌,过滤灭菌后,在无菌条件下将其加到高压灭菌后温度下降到约 50 ~ 60 ℃的未凝固的培养基中,或者适当加热(如 50 ~ 70 ℃水浴加热)溶解后的培养基中,摇匀,待用。

任务 2-2　MS 基本培养基的配制(母液法)

【课前准备】

1 mol/L HCl 溶液、1 mol/L NaOH 溶液,各 MS 母液(任务 2-1 中配制),琼脂粉,蔗糖,培养瓶(规格为 340 mL)若干,蒸馏水若干。

【任务步骤】

1) 布置任务

配制固体培养基 MS 基本培养基 1 L,分装到规格为 340 mL 的培养瓶中,每瓶装培养基约 30 mL。

2) 任务目的

①学会使用母液法配制培养基。
②掌握培养基的配制方法。

3) 方法步骤

(1)确定培养基配方
提前确定培养基配方 MS_0,即不添加任何生长调节剂的 MS 基本培养基配方。

（2）计算

分别计算配制 1 L 培养基需要取的各种母液的量。计算公式为：

$$应取母液的量 = 配制培养基的总体积/母液倍数$$

（3）量取母液

用烧杯量取所配培养基总体积的 1/2 左右体积的蒸馏水，如要配制 500 mL 培养基，先量取约 300 mL 水（为什么？）；再根据培养基配方，通过计算，用量筒量取如表 2-6 所示各母液的量至烧杯中，称取蔗糖及其他除琼脂外的药品溶解在烧杯中。

表 2-6　母液取用量表

母液	加入体积或重量/1 000 mL
大量元素母液（20×）	50 mL
微量元素母液（100×）	10 mL
有机物母液（100×）	10 mL
铁盐母液（100×）	10 mL
蔗糖	30 g
琼脂	6~8 g

吸取母液时，注意应先将几种母液按顺序排好，不要弄混以免培养基中的药品成分发生改变。加入一种母液后应先搅拌均匀，避免因母液不均、局部浓度过高而引起沉淀。

（4）定容

将烧杯中的各母液倒入容量瓶，用蒸馏水定容到 1 L，烧杯应用蒸馏水洗 3 次以上。（为什么？）

（5）熬煮

将定容好的溶液倒入培养基煮锅中，加入琼脂粉，开中低火熬煮，此时应注意搅拌，以免琼脂或蔗糖沉淀于烧杯底而炭化。加热至沸腾片刻，使琼脂充分溶解，注意检查烧杯内溶液是否透明，完全溶解的琼脂是透明的。

（6）调节培养基的 pH 值

用 pH 试纸测定 pH 值，分别用 1 mol/L NaOH 溶液、1 mol/L HCl 溶液来调节所配制培养基的 pH 值。一般培养基的 pH 值约为 5.8，培养的材料不同，对培养基 pH 值的要求也不同。

（7）分装

将配制并加热好的培养基分别装在事先洗净的培养瓶中，然后加盖盖好、贴标签。注意检查瓶盖上的滤膜是否完好，如滤膜破损则该瓶培养基不能使用。（为什么？）

（8）灭菌

用全自动高压灭菌锅灭菌。使用方法如下：

①检查水位，确保水在最低水位之上，如不足请添加蒸馏水。

②检查胶圈是否松动，然后顺时针拧紧锅盖。

③打开电源，点击"设置"，将温度设为 121 ℃，时间设为 20 min。

④长按启动灭菌锅。

⑤当灭菌锅温度升高到 121 ℃时，倒计时 20 min 后开始降温。

⑥当温度降到 108 ℃时,灭菌锅长叫,提示关掉电源。

⑦等待压力下降,当压力指针指向"0"时方能打开灭菌锅。

⑧灭菌锅一次工作时间大约为 2 小时,使用人员在此期间不能离开。

⑨灭菌锅连续工作时间不能超过 5 小时。

(特别提示:灭菌锅属特种设备,因型号不同操作方法略有不同,操作人员需持证上岗)

(9)培养基的保存

消毒过的培养基通常放在接种室或培养室中保存,一般应在消毒后的两周内用完。(为什么?)

任务 2-3　WPM 完全培养基的配制(干粉法)

【课前准备】

TDZ 母液 100 mg/L,1 mol/L HCl 溶液、1 mol/L NaOH 溶液,WPM 干粉培养基,琼脂粉,蔗糖,培养瓶(规格为 340 mL)若干。

【任务步骤】

1)布置任务

配制固体培养基 WPM+TDZ$_{2.0\ mg/L}$ 1 L,分装到规格为 340 mL 的培养瓶中。

2)任务目的

①学会采用干粉法配制培养基。

②进一步熟悉培养基的配制方法。

3)方法步骤

(1)计算各材料用量

用量要求:WPM 干粉 2.78 g/L,琼脂粉 6.5 g/L,蔗糖 30 g/L,TDZ 2.0 mg/L(母液浓度为 100 mg/L)

药品计算公式:质量=浓度×配制的培养基体积

生长调节剂的计算公式:配制的培养基体积×生长调节剂浓度/生长调节剂母液浓度

(2)称量

按照计算的结果称量各药品。

(3)溶解

量取 500 mL 蒸馏水于容器中,加入称量的 WPM 干粉、蔗糖,量取生长调节剂,充分溶解后定容至 1 000 mL。

（4）加热

将定容好的培养基溶液转入培养基煮锅中，加入琼脂粉加热溶解至沸腾片刻，使琼脂充分溶解，直至溶液透明。

（5）调节 pH 值

将加热后的培养基溶液适当冷却（不低于 45 ℃），通过滴加 1 mol/L HCl 溶液或 1 mol/L NaOH 溶液调节培养基的 pH 值至 5.8 左右。滴加酸或碱溶液后注意搅拌均匀。

（6）分装

将培养基分装到 340 mL 培养瓶中。

（7）贴标签

按照"实验顺序号+组别"的格式书写标签并贴于培养瓶瓶盖上。

（8）高压灭菌

将准备好的培养基装入高压灭菌锅专用篮中，使用前先检查水位，确保水在最低水位之上，如不足则添加蒸馏水。然后检查胶圈是否松动，再顺时针拧紧锅盖。打开电源点击"设置"，将温度设为 121 ℃，时间设为 20 min。长按启动灭菌锅。当灭菌锅温度升高到 121 ℃，倒计时 20 min 后开始降温。当温度降到 108 ℃时灭菌锅长叫，提示关掉电源。注意：等待压力下降，当压力指针指向"0"时方能打开灭菌锅；灭菌锅一次工作时间大约为 2 小时，使用人员在此期间不能离开，如遇灭菌锅非正常报警，要及时切断电源；灭菌锅连续工作时间不能超过 5 小时。

（9）培养基的保存

当灭菌锅压力降为零时打开灭菌锅，取出灭菌篮，并将培养基放到培养室或专门的存放室。新灭菌的培养基要等待 3 天后再使用，其目的在于检查培养基是否凝固和是否为无菌状态。灭菌过的培养基不能保存太久，尽量在两周内使用完。

【知识点】培养基

1）培养基的概念

培养基是指供植物生长繁殖的、由不同营养物质组合配制而成的营养基质。培养基既是提供细胞营养和促使细胞增殖的基础物质，也是细胞生长和繁殖的生存环境。培养基由于富含营养物质、易被污染或变质，所以配好后不宜久置，最好现配现用。

2）培养基的类型

（1）根据态相分

根据其态相不同，培养基可分为固体培养基与液体培养基。

固体培养基是指加凝固剂的培养基。往培养基中加入一定量的凝固剂，加热溶解后，将其分别装入常用的培养容器中，冷却后即得到固体培养基。

液体培养基是指不加凝固剂的培养基，培养基呈液态，需要不断振荡以增加含氧量。

（2）根据培养过程分

根据培养物的培养过程不同，培养基可分为初代培养基和继代培养基。

初代培养是指第一次接种从植物体上分离下来的外植体的过程。用于初代培养的培养基就是初代培养基。

继代培养是对培养物(包括细胞、组织或其切段)通过更换新鲜培养基及不断切割或分离，进行连续多代的培养。用于继代培养的培养基就是继代培养基。

（3）根据作用分

根据其作用不同，可将培养基分为诱导培养基、增殖培养基、分化培养基和生根培养基。

诱导培养基是指用于诱导愈伤组织的培养基。

增殖培养基是指用于增加愈伤组织、不定芽、丛生芽、体细胞胚等的数量的培养基。

分化培养基是指用于促使愈伤组织分化成根、茎、叶等的培养基。

生根培养基是指用于诱导不定芽生根的培养基。

（4）根据营养水平分

根据其营养水平不同，培养基可分为基本培养基和完全培养基。

基本培养基(就是通常讲的培养基)主要有 MS、White、N6、B5、改良 MS、Heller、Nitsh、SH、Miller 等。

完全培养基就是在基本培养基的基础上，根据试验的不同需要，附加一些物质，如生长调节剂和其他复杂有机物等。

3）培养基的成分

（1）无机营养成分

无机营养成分是植物生长发育所必需的各种矿质营养元素。根据植物需要的元素的多少，分为大量元素和微量元素。

①大量元素。

大量元素在植物体内含量占干物质重的 0.1% ~ 10%，其浓度一般大于 0.5 mmol/L。大量元素包括氮(N)、磷(P)、钾(K)、钙(Ca)、镁(Mg)、硫(S)，若加上碳(C)、氢(H)、氧(O)，则有 9 种元素。在离体培养中，碳、氢、氧 3 种元素是从人工加入的糖类中获得的，氢、氧元素也可以从培养基所含的水分中获得；而其余 6 种大量元素要从加入的适量无机盐类中获取。

无机氮常以硝态氮(如 KNO_3)和铵态氮(如 NH_4NO_3)两种形式供应，多数培养基都是二者兼而有之。

②微量元素。

植物所需微量元素包括铁(Fe)、硼(B)、锰(Mn)、铜(Cu)、锌(Zn)、钼(Mo)、氯(Cl)等，植物对其的需要量极少，在植物体内含量占干物质重的 0.01% 以下，且植物生长发育所需浓度一般小于 0.5 mmol/L，稍多则会产生毒害。碘(I)虽不是植物生长的必需元素，但几乎在所有的培养基中都含有碘元素，有些培养基中还加入了钴(Co)、镍(Ni)、钛(Ti)、铍(Be)、铝(Al)等元素。

铁(Fe)是用量较多的一种微量元素，是许多重要氧化还原酶的组成成分，在植物叶绿素的合成过程中起重要的作用。若以硫酸铁和氯化铁为供铁源，培养基的 pH 值会达到 5.2 以上，会形成氢氧化铁沉淀，使培养物无法吸收铁元素而出现缺铁症，故在配制培养基时常用硫酸亚铁和 Na_2-EDTA 配成螯合态铁，铁元素成为有机态铁后方可被培养物吸收和利用；也可用 EDTA 铁盐作为铁的供应源。

以上这些元素参与培养物机体的建造,是构成植物细胞中的核酸、蛋白质、叶绿体、酶系统和生物膜所必需的元素。它们的含量若不足就会造成缺素症。

（2）有机营养物质

在配制培养基时,不仅要加入无机营养成分,还要加入一定量的有机营养物质,以利于培养物的生长和分化。

①糖类。

在组织培养快速繁殖中,被培养的培养物大多不能进行光合作用,能进行光合作用的也不能自己满足其对糖类的需求,因此必须在培养基中添加糖作为碳源和能源,同时这对维持培养基的一定的渗透压也有重要作用。最常用的碳源是蔗糖,其浓度一般为 2% ~ 3%。葡萄糖和果糖也是较好的碳源。在大规模工厂化生产中,为了降低生产成本,可用市售的白砂糖代替蔗糖,也能达到同样的效果。

②维生素。

维生素常以辅酶形式参与生物催化剂——酶系的活动,参与细胞的蛋白质代谢、脂肪代谢、糖代谢等重要的生命活动。在组织培养中以 B 族维生素为主,常使用盐酸硫胺素（维生素 B_1）、盐酸吡哆醇（维生素 B_6）、烟酸（维生素 B_3）、钴胺素（维生素 B_{12}）、叶酸（维生素 B_{11}）、生物素（维生素 H）、抗坏血酸（维生素 C）等,一般使用浓度为 0.1 ~ 1.0 mg/L。

③肌醇（环己六醇）。

在组织培养中,肌醇本身不直接促进培养物的生长,其有助于活性物质发挥作用,提高维生素 B_1 的效果,参与碳水化合物代谢、磷脂代谢和离子平衡作用,从而促进培养物的生长和胚状体及芽的形成。在配制培养基时,肌醇通常的使用浓度为 50 ~ 100 mg/L。

④氨基酸。

在培养基中要加入一种或数种氨基酸,最常使用的是甘氨酸（Gly）,有时会用到丝氨酸（Ser）、酪氨酸（Tyr）、谷氨酰胺（Gln）、天冬酰胺（Asn）等。氨基酸是重要的有机氮源。甘氨酸能促进离体根的生长,对其培养物的生长也有良好的促进作用,通常用量为 2 ~ 3 mg/L。有时也采用水解乳蛋白（LH）或水解酪蛋白（CH）,它们是牛乳蛋白用酶法水解得到的产物,是含有约 20 种氨基酸的混合物,通常用量为 500 mg/L。

⑤有机附加物。

A. 常用种类。

在组织培养中,人们发现在培养基中添加一些天然的有机物或提取物,对培养物的增殖和分化有明显的促进作用。有机添加物包括椰乳、香蕉泥、苹果汁、番茄汁、胡萝卜汁、马铃薯汁、酵母提取物等天然有机浸提物,还包括蛋白胨、酵母提取物、水解酪蛋白等人工提取物以及活性炭等天然物质。

a. 椰子汁（CM）与椰乳。

椰子汁为棕榈科植物椰树的果实椰果的抽取液,椰乳是用椰汁和成熟椰肉经过研磨加工而成。

CM 是十分普遍的有机添加物,应用非常广泛,这与其丰富的营养价值有密切关系,研究人员发现 CM 和椰乳对许多植物的各方面都有一定促进作用。陈延惠等（2006 年）的研究结果表明,浓度为 200 mL/L 的 CM 可以成功地抑制泰山红石榴组织培养苗落叶。在杏黄兜兰和硬叶兜兰的无菌播种（曾宋君等,2007 年）中,CM 对种子的萌发有较好的促进作用,试验用的椰乳的

最适浓度为 200 mL/L,但在后期成苗时会产生一胚多苗现象,部分苗生长不正常,这可能与椰乳中富含玉米素等植物生长调节剂有关;150 mL/L 的椰乳能较好地促进不定芽的诱导和不定根的形成。CM 对蝴蝶兰原球茎(王冬云等,2007 年)也有明显的增殖效果,实验表明,CM 200 mL/L 或椰乳 150 mL/L(刘晓燕等,2005 年)对蝴蝶兰原球茎的增殖效果最好,而且对蝴蝶兰试管苗的根部生长有促进作用(何松林等,2006 年),有利于地上部鲜质量的积累。鲁雪华等(2004 年)研究发现,100~200 mL/L 的 CM 有利于卡特兰原球茎的增殖和苗的分化,CM 的浓度过高则起抑制作用。这可能与 CM 中含有较多蛋白质、硫胺素、核黄素、抗坏血酸、钾、钠、钙、镁、磷等营养成分有关(马生健等,2010 年)。CM 也是春兰根状茎增殖培养的最适有机添加物,较高质量分数如 10% 的椰子汁能提供较多的营养物质,对根状茎的增殖效果明显。魏韩英等(2010 年)的研究也表明,CM 的添加对兰花细胞分裂、原球茎的形成及根状茎的增殖均有一定的促进作用。

b. 香蕉泥。

香蕉泥是很普遍的有机添加物之一,对许多培养物的增殖分化具有明显的作用。单加香蕉泥添加物有利于蝴蝶兰的根系生长,也能够促进兜兰不定芽的形成,其以 20 g/L 的效果最好,但其对生根起抑制作用(曾宋君等,2007 年)。香蕉泥添加物是最适合大花蕙兰原球茎增殖的有机添加物。同时,香蕉泥添加物最有利于铁皮石斛的芽增殖、壮苗生根,对铁皮石斛丛生芽增殖、根的发生均有不同程度的促进作用,有利于培养壮苗。同时添加香蕉泥和马铃薯汁的效果更优于单独使用香蕉泥的(郭洪波,2007 年)。在一定浓度内的香蕉泥添加物也有利于白纹阴阳竹的增殖(曾余力,2010 年)。何松林等(2006 年)研究发现,添加香蕉泥的培养基能显著提高蝴蝶兰试管苗的干物质积累率,但不利于试管苗叶的生长和根的分化。在培养前期用香蕉泥处理能够促进试管苗生长,但经过一段培养时间后有试管苗变黄甚至死亡的现象发生。除了使用香蕉泥,还能使用适当质量分数的香蕉上清液或提取物。谢寅峰等(2011 年)的研究表明香蕉提取物的添加方式和质量分数对霍山石斛试管苗的生长影响显著。适当质量分数的香蕉上清液可促进植株根系发达,可使植株充分吸收养料,促进茎、叶生长,进而使试管苗能充分利用光能进行光合作用合成较多的糖类物质,明显提高霍山石斛试管苗的生物量和可溶性糖含量,并且能够促进霍山石斛试管苗保护酶系统的活性,有效增强苗木的抗逆性。香蕉提取物除了提供原球茎生长发育所需的各种养分外,还对维持培养基的 pH 值在 5.0~5.5 有缓冲作用,使原球茎在适宜的酸性条件下生长。但是,有关香蕉提取物中何种成分对霍山石斛原球茎的增殖起关键性作用,还没有相关报道(李小军,2004 年),这也是天然添加物存在的普遍问题。

所以,香蕉泥不适合在培养基中长期添加,只能在生长的某一阶段如兰科植物原球茎的增殖、壮苗阶段加入,添加的形式可以为香蕉泥、上清液或提取物。

c. 马铃薯汁。

马铃薯汁可降低组培苗玻璃化的风险,如谢丽霞(2005 年)使用马铃薯汁降低了油菜玻璃苗的产生频率,马生健等(2010 年)研究了马铃薯汁对石斛兰的影响,发现其对石斛兰胚萌发、成苗、生根都有促进作用,对卡特兰原球茎的增殖作用也较大,这是因为马铃薯的营养成分较丰富,含有蛋白质、硫胺素、维生素 C、维生素 E、维生素 A、磷、钾等,且其具有较大的缓冲作用。另外,马铃薯汁作为复合添加物对蝴蝶兰的生根有利(刘亮等,2007 年),还能促进铁皮石斛丛生苗的增殖和生长(郭洪波等,2007 年),有利于获得健康、粗壮的试管苗,减少褐化现象等,但对诱导生根具有抑制作用。

可见,马铃薯汁的添加主要应用在兰科植物原球茎的增殖阶段,也可预防其他植物玻璃苗的发生,在生根阶段不可用。

d. 其他。

还有很多植物有机添加物也有一定的作用,如在培养基中加入柠檬酸可明显减轻褐化,这可能与柠檬酸抑制了多酚氧化酶的活性或增强了醌类化合物还原剂的作用有关(王冬云等,2007年)。番茄汁在文心兰原球茎净鲜重增加方面的效果明显(何松林等,2003年)。西瓜汁可以显著提高铁皮石斛丛生苗的生根率和生根数,但植株弱小,茎细叶少,根部部分叶变黄枯萎,根细而短,部分失去向地性(郭洪波,2007年)。苹果汁、绿豆芽汁均能加速墨兰根状体的增殖(马生健等,2010年)。白萝卜汁能明显提高霍山石斛试管苗的 POD、CAT 活性,促进蛋白质含量增大(谢寅峰等,2011年)。

其他人工提取物的种类包括:蛋白胨,将肉、酪素或明胶用酸或蛋白酶水解后干燥而成的外观呈淡黄色的粉剂,其中胰蛋白胨是一种优质蛋白胨,是以新鲜牛肉和牛骨为原料制成的,蛋白胨富含碳源、氮源、生长因子等营养物质;酵母提取物,酵母经破壁后将其中的蛋白质、核酸、维生素等抽提,再经生物酶降解的富含小分子的氨基酸、肽、核苷酸、维生素等天然活性成分的物质;水解酪蛋白,是以天然牛乳蛋白为原料,经盐酸水解、脱色、脱盐、喷雾干燥而成的产品。

胰蛋白胨和酵母提取物有利于兜兰苗的生长(曾宋君等,2007年),对春兰根状茎的增殖有明显的促进作用(孔凡龙等,2009年);酵母提取物在 KC 培养基上对大花蕙兰原球茎有促进作用(刘明志,2000年);胰蛋白胨对文心兰原球茎幼苗分化有较好的促进作用(何松林,2003年),蛋白胨对文心兰原球茎的增殖效果显著(何松林,2003年);0.2 g/L 水解酪蛋白对大花蕙兰原球茎的增殖效果最佳(孔凡龙等,2009年)。

B. 常用有机物的制备方法及参考用量。

a. 椰乳:将椰肉切碎后倒进果汁机内,再加入椰汁进行混合搅拌,制成乳状物;

b. 椰子汁:取新鲜椰子的椰汁,用 3 层纱布过滤而成;

c. 马铃薯汁:称取 200 g 马铃薯切成小丁,加入 200 mL 蒸馏水,于电炉上沸煮 25 min,用 3 层纱布过滤,将滤液定容到 200 mL;

d. 苹果汁:将苹果切碎后放进果汁机内,加入少许蒸馏水混合搅拌,使搅拌后的苹果呈液体状态;

e. 香蕉泥:称取 200 g 香蕉切成小丁,放入沸水中煮 5 min,用果汁机榨成匀浆,定容至200 mL;

f. 番茄汁:将番茄放入果汁机内榨成匀浆。

制备的以上有机添加物均置于冰箱中-20 ℃保存备用,用时放于微波炉中解冻。一般用量:椰乳为 10% ~ 20%(或 100 ~ 150 mg/L),番茄汁为 5% ~ 10%,香蕉泥为 100 ~ 200 mg/L,马铃薯为 150 ~ 200 g/L。

马铃薯、香蕉泥具有较大的缓冲作用。这些天然有机物可以为培养物提供一些必要的营养成分、生理活性物质和生长激素等,但由于它们的成分较复杂且难确定,含量又不稳定,所以应尽量避免使用。

(3)植物生长调节剂

在组织培养中,为了促进培养物生长和器官分化,培养基中除了需要加入营养物质外,还必须加入一种或多种植物生长调节剂。植物生长调节剂(即植物激素)是培养基中的关键物质,

在组织培养中起着决定性的作用,一般常用生长素类和细胞分裂素类。

①生长素类。

生长素类常用的有吲哚乙酸(IAA)、吲哚丁酸(IBA)、萘乙酸(NAA)、2,4-二氯苯氧乙酸(2,4-D),它们的作用强弱的顺序为 2,4-D>NAA>IBA>IAA。其中 IAA 为天然植物生长素,它易见光分解,不稳定,故应避光置于棕色瓶中,放于 4 ~ 5 ℃的环境下保存。NAA、IBA、2,4-D 都是人工合成的生长调节剂,既稳定又廉价。2,4-D 一般用于初代培养,启动细胞脱分化;再分化阶段往往不用 2,4-D,而用 NAA、IBA、IAA。在生根诱导中一般多用 IBA,ABT 生根粉诱导生根效果也很好。

组织培养中,生长素类的作用是诱导愈伤组织的形成、胚状体的产生以及试管苗的生根,更重要的是与细胞分裂素按一定的比例混合,诱导腋芽及不定芽的产生。

②细胞分裂素类。

常用的细胞分裂素类有 KT、6-BA、ZT、2-ip、吡效隆(4PU/CPPU)和 TDZ。它们对培养物的作用强弱顺序为 TDZ、4PU>2-ip>6-BA>KT。但在组织培养中常使用人工合成的 6-BA 和 KT,它们的性能稳定且价格适中,能降低生产成本。

细胞分裂素类的作用主要有:促进细胞分裂和扩大;抑制茎的伸长,使茎增粗;解除顶端优势,诱导芽的分化,促进侧芽萌发;增强蛋白质的合成,延缓组织衰老等。

在组织培养中,常将细胞分裂素类和生长素类配合使用。1957 年斯科格等建立了"器官分化激素配比模式",指导生长调节剂在生产中的应用,即细胞分裂素类与生长素类的比值大时,促进芽的形成,这时细胞分裂素类起主导作用;比值小时,则有利于根的形成,这时生长素类起主导作用。培养基中的细胞分裂素类与生长素类的比例是决定器官分化的关键。

③赤霉素类。

组织培养中常见的赤霉素类是 GA_3,在组织培养中常用于打破种子、块茎的休眠。GA_3 遇高温不稳定,易分解,所以只能在加入培养基前通过过滤的方法进行灭菌。

(4)培养基支撑物

依据态相不同,培养基分为固体培养基和液体培养基,其区别在于加入凝固剂与否,若加入凝固剂便形成胶体状态的固体培养基,而不加则为液体培养基。琼脂是最好的固化剂,它是一种从海藻中提取的高分子碳水化合物,在培养基中其本身不提供营养,它的主要作用是使培养基在常温下凝固,一般使用量为 0.6% ~ 1.0%。培养基偏酸性(pH 值偏小)、高压灭菌时间过长、温度过高均会影响其凝固能力。琼脂一般以色浅、透明、洁净为好,使用琼脂前要先试验一下它的凝固能力,以便确定其适宜的用量。

除了琼脂粉、琼脂条外,卡拉胶也能固化培养基,形成固体培养基。除此之外,纸桥、脱脂棉、蛭石、土壤、木浆材料、聚酯、陶瓷等都可以做液体培养基的支撑物。

(5)其他

①活性炭。

在培养基中加入活性炭,其目的主要是利用其吸附能力,减少一些有害物质的不利影响,同时创造暗环境,对某些植物诱导生根有利。一般认为活性炭之所以有强大的吸附能力,主要是其通过氢键、范德华力等的作用力将有毒物质从外植体周围吸附掉。

活性炭除了有吸附作用外,在一定程度上还降低了光照强度,从而减轻了褐变。但是,活性炭对物质的吸附无选择性,既吸附有毒酚类,又吸附培养基中的有利物质如生长调节剂、维生素

B$_6$、叶酸、烟酸等,并且其在不同植物的组织培养中有效程度不一。因此,在决定使用活性炭时应先试验再确定是否采用,通常活性炭的使用浓度为 0.1% ~ 0.5%。

②抗生素。

抗生素是微生物在代谢过程中产生的,在低浓度下就能抑制其他微生物的生长和活动,甚至杀死微生物。可以直接在外植体的预处理时使用,也可以添加到培养基中。可以单独使用,也可以复合几种抗生素使用。常用的抗生素有利福平(25 ~ 50 mg/L)、氯霉素(50 mg/L)、青霉素(100 ~ 300 mg/L)、链霉素(50 ~ 100 mg/L)、庆大霉素(500 ~ 1 000 mg/L)等。大部分的抗生素要求过滤灭菌。

由于抗生素往往影响植物繁殖体的生长,容易让植物体产生变异及抗药性,所以一般情况下不主张使用抗生素,尤其是药用、食用种苗,在其生产过程中严禁使用抗生素。

③抗氧化剂。

在组织培养过程中,某些植物种类易产生酚类物质,酚类物质氧化后会形成有害的醌类物质,可以在培养基中添加抗氧化剂缓解这一症状。常见的抗氧化剂有抗坏血酸、硫代硫酸钠、亚硫酸氢钠、柠檬酸、半胱氨酸、硝酸银、聚乙烯吡咯烷酮(PVP)、甘露醇、植酸等。

抗坏血酸的使用浓度为 50 ~ 200 mg/L,如苏江等(2015 年)用浓度为 175 mg/L 的抗坏血酸处理岩黄连愈伤组织后,其褐化率最低,周丽艳等(2008 年)在培养基中添加的 200 mg/L 的抗坏血酸对白玉兰愈伤组织褐化有抑制作用;硫代硫酸钠的使用浓度为 0.1 ~ 5 mg/L,如李佳等(2020 年)在胡桃楸茎段的组织培养中添加 0.1 ~ 2.0 mg/L 的硫代硫酸钠时,其抗褐化能力较强,可以有效防止外植体褐化,刘淑兰等(1984 年)在核桃培养基中添加 5 mg/L 的硫代硫酸钠时所产生的愈伤组织无明显褐化。PVP 的使用浓度为 1 ~ 3 g/L,如饶慧云等(2015 年)在葡萄培养基中添加 2 g/L 的 PVP 可有效抑制褐化,张俊琦等(2006 年)在牡丹培养基中添加 1 ~ 3 g/L 的 PVP 均能有效抑制褐化。

4)常用培养基成分表

植物组织培养中常用的培养基有 MS、White、N6、B5、WPM、VW 培养基等,配方见表 2-7。

MS 培养基是穆拉希格和斯科格于 1962 年为烟草细胞培养设计的,其特点是无机盐离子浓度较高,是较稳定的离子平衡溶液,它的硝酸盐含量高,其养分的含量和比例合适,能满足植物细胞的营养和生理需要,因而适用范围比较广,广泛地用于植物的器官、花药、细胞和原生质体培养,效果良好。多数植物组织培养快速繁殖用它作基本培养基,也有些培养基是由它演变而来的。

White 培养基是 1943 年怀特为培养番茄根尖设计的。1963 年又做了改良,称作"White 改良培养基",提高了 MgSO$_4$ 的浓度,增加了硼,其特点是无机盐含量较低,适用于生根培养。

N6 培养基是 1974 年朱至清等为水稻等禾谷类作物花药培养而设计的。其特点是成分较为简单,其中硝酸钾、硫酸铵含量较高,不含钼。在国内其广泛应用于小麦、水稻及其他植物的花药培养和其他组织培养。

B5 培养基是 1968 年由甘博格(Gamborg)等为培养大豆根细胞而设计的。与其他培养基相比,它的主要特点是含有较少的铵离子,铵离子可能有抑制培养物生长的作用。其适合双子叶植物,尤其是木本植物的组织培养。

WPM 培养基是 1980 年由劳埃德(Lloyd)和麦克考恩(McCown)为山月桂茎尖培养而专门

设计的,根据 MS 培养基改良而来。相对于 MS 培养基而言,其使用了硫酸钾替换硝酸钾,硝酸铵的含量也降低到 MS 培养基的 1/4,氮元素也主要以 $Ca(NO_3)_2$ 的形式供应,适合于多种木本植物的组织培养。

VW 培养基是 1949 年由维辛(Vacin)和温特(Went)设计的,适合于气生兰的培养。其总的离子强度较低,磷元素以 $Ca_3(PO_4)_2$ 形式供给。使用时要先用 1 mol/L 的 HCl 溶解后再加入混合溶液中。该培养基也适用于一些植物球茎的培育。

表 2-7　常用培养基成分表　　　　　　　　　　　　　　　　　单位:mg/L

培养基成分	MS 培养基（1962 年）	White 培养基（1943 年）	N6 培养基（1974 年）	B5 培养基（1968 年）	WPM 培养基（1980 年）	VW 培养基（1949 年）
$(NH_4)_2SO_4$	—	—	463	134	—	500
NH_4NO_3	1 650	—	—	—	400	—
KNO_3	1 900	80	2 830	2 500	—	525
$NaNO_3$	—	—	—	—	—	—
$Ca(NO_3)_2 \cdot 4H_2O$	—	200	—	—	556	—
$CaCl_2 \cdot 2H_2O$	440	—	166	150	96	—
$Ca(H_2PO_4)_2$						200
$MgSO_4 \cdot 7H_2O$	370	720	185	250	370	250
KH_2PO_4	170	—	400	—	170	250
$NaH_2PO_4 \cdot 7H_2O$	—	17	—	150	—	—
K_2SO_4					990	
KCl	—	65	—	—	—	—
Na_2SO_4	—	200	—	—	—	—
Na_2-EDTA	37.3	—	37.3	37.3	37.3	37.3
$FeSO_4 \cdot 7H_2O$	27.8	—	27.8	27.8	27.8	27.8
$Fe_2(SO_4)_3$	—	2.5	—	—	—	—
$MnSO_4 \cdot 4H_2O$	22.3	5	4.4	10	22.3	7.5
$ZnSO_4 \cdot 7H_2O$	8.6	3	3.8	2.0	8.6	—
H_3BO_3	6.2	1.5	1.6	3.0	—	—
KI	0.83	0.75	0.8	0.75	—	—
$Na_2MoO_4 \cdot 2H_2O$	0.25	—	—	0.25	0.25	—
MoO_3	—	0.001	—	—	—	—
$CuSO_4 \cdot 5H_2O$	0.025	0.01	—	0.025	0.25	—
$CoCl_2 \cdot 6H_2O$	0.025	—	—	0.025	—	—
维生素 B_1	0.1	0.1	1	10	1	—

续表

培养基成分	MS 培养基 （1962 年）	White 培养基 （1943 年）	N6 培养基 （1974 年）	B5 培养基 （1968 年）	WPM 培养基 （1980 年）	VW 培养基 （1949 年）
烟酸	0.5	0.3	0.5	1	0.5	—
维生素 B$_6$	0.5	0.1	0.5	1	0.5	—
肌醇	100	—	—	100	100	—
甘氨酸	2	3	2	—	2	—
蔗糖	30 000	20 000	5 000	2 000	2 000	20 000
琼脂	6 500	6 500	6 500	6 500	6 500	6 500
pH	5.8	5.6	5.8	5.5	5.2	—

5）培养基的配制流程

培养基的配制主要有两种方法，包括母液法和干粉法，配制流程如图 2-5、图 2-6 所示。

配制培养基时，为了使用方便和用量准确，通常采用母液法进行配制，即将所选培养基配方中各试剂用量扩大若干倍后再准确称量，分别先配成一系列的母液置于冰箱中保存，使用时按比例吸取母液进行稀释配制即可。

干粉培养基是将配制好的培养基进行脱水处理，这样便于保存及销售，使用时只需按照比例加入水溶解即可使用。干粉培养基有两种，一种是添加了蔗糖和琼脂的，另一种是不含蔗糖和琼脂的，需要在配制时根据需要添加。所以选用培养基时要注意查看其是否添加了蔗糖和琼脂。

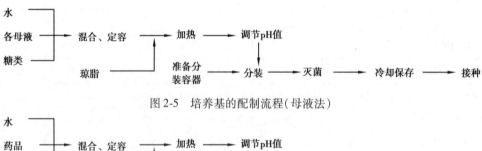

图 2-5　培养基的配制流程（母液法）

图 2-6　培养基的配制流程（干粉法）

【检测与应用】

1. 请简要说明培养基配制的流程。

2. 在配制 MS 大量元素(10×)时,需要称量 4.4 g $CaCl_2 \cdot 2H_2O$,现只有无水 $CaCl_2$,请问需要称量无水 $CaCl_2$ 多少克?

3. 使用母液法配制培养基有哪些优点? 使用干粉法配制培养基有哪些优点?

4. 如果使用母液法配制 MS 基本培养基 500 mL,请问应该取各母液多少毫升?

5. 培养基中为什么要加入蔗糖和琼脂? 它们各起到什么作用? 能不能用其他糖类代替蔗糖?

6. 用 MS 母液配制 $MS+6-BA_{2.0\ mg/L}+2,4-D_{1.0\ mg/L}$ 固体培养基 800 mL 时,需要取各母液多少毫升,蔗糖多少克,琼脂多少克,各生长调节剂多少毫升?

7. 用 MS 干粉配制 $1/2MS+NAA_{1.0\ mg/L}$ 固体培养基 1.5 L 时,需要分别称量各成分多少克?

8. 植物组织培养中,有些植物激素不能加入培养基中随之高压蒸汽灭菌,那么这些植物激素该如何加入培养皿中? 请写出具体操作流程。

任务 3 外植体的选择和消毒

任务 3-1 土人参叶片的选择、消毒与接种(初代培养)

【课前准备】

配制培养基 MS+2,4-D$_{1.0 \text{ mg/L}}$+6-BA$_{0.5 \text{ mg/L}}$,1 mol/L HCl 溶液、1 mol/L NaOH 溶液,MS 干粉培养基,琼脂粉,蔗糖,75%酒精、95%酒精,培养瓶(规格 340 mL)若干。

【任务步骤】

1)布置任务

配制 1 L 固体培养基 MS+2,4-D$_{1.0 \text{ mg/L}}$+6-BA$_{0.5 \text{ mg/L}}$,分装到 30 瓶规格为 340 mL 的培养瓶中,每瓶装培养基约 30 mL。

2)任务目的

①独立配制培养基,掌握土人参叶片的选择原理及方法。
②掌握无菌操作的基本方法。

3)方法步骤

(1)外植体准备

取健壮、无虫害的土人参中部叶片,清洗表面的杂质,去除多余部分,保留叶柄,自来水下冲洗 30~60 min,接种前横切,分割成 2 cm 宽的长条备用。

(2)接种前准备

对无菌接种室内进行消毒,用紫外线灯照射 30 min,同时开启超净工作台无菌风开关,地面用低浓度的来苏尔溶液消毒,紫外线灯关闭约 20 min 后方可进去工作。用 75%酒精棉球擦净双手和工作台,晾干。接种前先点燃酒精灯,镊子和剪刀先浸泡在 75%酒精中,随后在酒精灯上灼烧,再放置在搁架上晾凉备用。提前将需要接种的培养基用酒精棉球擦洗后,整齐地摆放在工作台的一侧。

(3)外植体消毒

将剪好备用的土人参叶片移入超净工作台内操作,把经上述预处理、沥干水的植物材料放入广口瓶或烧杯中,向其中倒入新鲜配制的 75%酒精,浸没 30 s 后以无菌水冲洗 3~4 次,再用 2%(有效氯含量)的次氯酸钠溶液浸泡 10~15 min,在持续灭菌时间内定时用玻璃棒轻轻搅

动,以促进植物材料各部分与消毒液充分接触,驱除气泡,使灭菌彻底。在灭菌结束前 30 s 时,即可开始用玻璃棒等轻轻压住植物材料将消毒液慢慢倒入废物缸中,注意勿使植物材料滑出。接着立即倒入适量无菌水,轻搅植物材料以清洗、去除灭菌剂残留。用无菌水冲洗 3 ~ 4 次。

（4）分割植物体

倒出、沥去最后一次清洗用水,开始进行植物材料的切割与接种。逐一取出经上述灭菌处理的植物材料,置于盛有无菌滤纸的培养盘或培养皿里,左手拿镊子、右手拿解剖刀,切除各切段或切块上被消毒剂破坏的部分,将叶背面刻伤,切成 0.5 cm×0.5 cm 的组织块。完成切割后,将解剖刀和镊子在 95% 酒精中浸蘸一下,在酒精灯焰上灼烧灭菌之后放回搁架上,以便冷却后下一次切割再用。操作工具每使用一次均需灼烧灭菌,以减少交叉污染的概率。

（5）接种

左手拿培养瓶,将培养容器口外壁在靠近酒精灯外焰处转燎数秒,以将其可能带有的微生物等固定于原处;在酒精灯火焰附近,右手拇指与食指配合将瓶盖打开,并将其夹于左手无名指与小指之间,也可放置于操作台上;再将培养瓶口在酒精灯火焰上轻转灼烧以灭菌;以右手拇指与食指配合,用大镊子夹紧一外植体准确送入培养容器中,并将其轻轻地半插入固体培养基中或平放,使其伤口与培养基贴合;将大镊子在 95% 酒精中浸蘸一下,在酒精灯火焰上方灼烧灭菌之后放回搁架上,以便冷却后下一次操作再用;将培养瓶瓶口及瓶盖分别在酒精灯火焰上小心地轻转灼燎数秒;盖好培养瓶瓶盖,旋紧,将其置于超净工作台靠外的位置,方便取出。用记号笔在瓶体上写明接种材料、培养基代号、接种人和接种日期。重复上述步骤,直至将消好毒的外植体全部接种完成。

（6）培养

将接种好的培养基置于室温 25±2 ℃ 的培养室培养,注意避光培养,培养 3 ~ 7 天后统计细菌、真菌的污染情况并记录。每隔 7 天观察并记录培养基内的生长情况。约 3 ~ 5 天愈伤组织出现,接种 10 天后愈伤组织将外植体完全覆盖,接种 30 天后愈伤组织增长至 2 倍大,但相继出现坏死组织,故接种 20 天左右需要将愈伤组织继代到新的培养基上。

附图　土人参愈伤组织诱导

图 2-7　土人参叶片接种时

图 2-8　接种 10 天时愈伤组织的生长情况

图 2-9　土人参叶片接种 30 天时
愈伤组织的生长情况

图 2-10　土人参叶片接种 40 天时
愈伤组织的生长情况

任务 3-2　姬星美人茎段的选择、消毒与接种(初代培养)

【课前准备】

配制固体培养基 MS+6-BA$_{2.5\ mg/L}$+NAA$_{0.1\ mg/L}$,1 mol/L HCl 溶液、1 mol/L NaOH 溶液,MS 干粉培养基,琼脂粉,蔗糖,培养瓶(规格 340 mL)若干。

【任务步骤】

1)布置任务

配制固体培养基 MS+6-BA$_{2.5\ mg/L}$+NAA$_{0.1\ mg/L}$,分装到规格为 340 mL 的培养瓶中,每瓶装培养基约 30 mL。

2)任务目的

①学会使用干粉法配制培养基。
②进一步熟悉培养基的配制方法及流程。

3）方法步骤

（1）外植体准备

取健壮、无虫害的姬星美人茎段,清洗表面的杂质,去除多余部分,保留叶柄,自来水下冲洗 30～60 min,接种前切成约 2 cm 长的茎段备用。

（2）接种前准备

同前。

（3）外植体消毒

将剪好备用的姬星美人茎段移入超净工作台内操作,把经上述预处理、沥干水的植物材料放入无菌的广口瓶或烧杯中,向其中倒入新鲜配制的 75% 酒精浸没 30 s,无菌水冲洗 3～4 次,再用 2%（有效氯含量）的次氯酸钠溶液浸泡 10～15 min,在持续灭菌时间内不定时用玻璃棒轻轻搅动,以促进植物材料各部分与消毒剂充分接触,驱除气泡,使灭菌更彻底。在灭菌结束前 30 s 时,开始用玻璃棒等轻轻压住植物材料将消毒液慢慢倒入废液缸,防止植物材料滑出。接着立即倒入适量无菌水,轻搅植物材料以清洗、去除残留的消毒剂。无菌水冲洗 3～4 次,倒出、沥去最后一次清洗用水后,放入盛有无菌滤纸的接种盘或培养皿上。

（4）分割植物体

逐一取出经上述消毒处理的植物材料,置于下面垫有无菌滤纸的接种盘或培养皿上,左手拿小镊子,右手拿解剖刀,切除各切段伤口处与消毒剂直接接触的部分,将茎段剪成含 1～2 个节的小段备用,如果节间较短,则切成 1 cm 左右的小段。在完成切割后,将解剖刀和小镊子在 95% 酒精中浸蘸一下,在酒精灯火焰上灼烧灭菌之后放回搁架上,以便冷却后下一次切割再用。原则上,每操作一次就要对操作工具进行灭菌处理,以减少交叉污染的概率。

（5）接种

用在酒精灯上灼烧冷却后的镊子、剪刀取出一个茎段,迅速打开培养瓶瓶口,将材料插入培养基内,确保茎段与培养基接触。将接种好的培养瓶瓶口、瓶盖分别在酒精灯火焰上迅速灼烧数秒后盖上瓶盖,完成接种操作。每瓶培养基接种 3～4 个外植体,也可只接种 1 个外植体。

（6）写标签

用记号笔在瓶体上写明接种日期、材料名称、培养基类别等基本信息。书写要工整,字体要小,尽量不要遮挡外植体,以免影响其生长、阻碍观察和后期拍照取证。

（7）培养

将接种好的培养瓶放置在室温 25±2 ℃的培养室中,遮光或在低光照条件（1 000 lx）下培养。培养 3～7 天后统计细菌、真菌的污染情况并记录。

附图　姬星美人愈伤组织诱导

图 2-11　姬星美人茎段接种时

图 2-12　接种 10 天后愈伤组织出现

图 2-13　接种 35 天后愈伤组织的生长情况

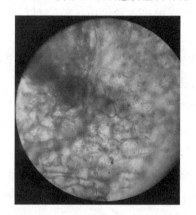

图 2-14　愈伤组织的细胞形态

【知识点】组织培养操作技术

1）组织培养准备工作

（1）环境准备（消毒）

保持组织培养实验室的空气清洁度是减少组织培养污染的重要条件,用于实验室消毒的常规消毒方法包括紫外线照射法、甲醛熏蒸法、新洁尔灭（苯扎溴铵溶液）法等,此外还有中草药消毒法。

①紫外线照射法。

紫外线是波长在 10 ~ 400 nm 的辐射光的总称,能引起细菌、病毒等微生物的遗传物质的结构发生变化,从而影响 DNA 复制、RNA 转录和蛋白质的翻译,导致细菌或病毒死亡。此外,紫外线辐射所产生的臭氧和各种自由基可损伤蛋白质和酶分子,导致其功能改变。紫外线消毒具有广谱性,可杀灭细菌、病毒、真菌、支原体等各种微生物。紫外线消毒具有较高的杀菌效率,且

由于未使用化学药剂,消毒过程中不会产生对人体和环境有害的副产物。该技术操作维护简单,费用较低。采用室内悬吊式紫外线消毒时,室内安装的紫外线灯的数量为每平方米不少于1.5 W,照射时间不少于 30 min。

但需要指出的是,过量的紫外线照射对人体有一定的危害乃至致癌作用。紫外线作用于中枢神经系统,可令人出现头痛、头晕、体温升高等症状,过量辐射会诱发皮肤癌。紫外线辐射对眼睛的损伤特别明显,严重时可能诱发白内障。因此,在组织培养实验室用紫外线消毒期间,人员不要待在正在消毒的空间内,切忌用眼睛注视紫外线灯。超净工作台内的紫外线灯打开时,人员应避免将手长时间暴露于紫外线灯下。

一般在用紫外线对接种室消毒后,不要立即进入接种室,此时室内充满高浓度的臭氧,会对人体尤其是呼吸系统造成伤害。工作人员应在关闭紫外线灯 15 ~ 20 min 后再进入室内。

②甲醛熏蒸法。

甲醛是一种无色且具有强烈刺激性的气体,可与蛋白质中的氨基结合使其变性或使蛋白质分子烷基化,其对细菌、真菌、病毒等均有效,可广谱杀菌且效率较高。在实际操作中,经常采用甲醛溶液和高锰酸钾按 2∶1 的比例混合进行熏蒸消毒,即甲醛(40%)10 mL/m³,高锰酸钾5 g/m³。高锰酸钾具有强氧化性,与甲醛发生反应会产生大量热,使甲醛以气体形式挥发,扩散于空气中和物体表面。消毒时间一般为 20 ~ 30 min。但甲醛对人体来说,也是一种有害物质,长期吸入可能会诱发过敏性哮喘,引起过敏性皮炎、鼻咽肿瘤等。因此,用该法进行消毒时,应注意戴口罩、手套;消毒容器离门近一些,以便人员迅速撤离;熏蒸前要密闭空间,所有人员必须离开;消毒容器应选择耐腐蚀的陶瓷容器,容器容积应至少比药液量大 4 倍,以免药液沸腾溢出;消毒期间不可进入消毒空间;消毒后通风换气,等气味散尽后再出入;药液次序要正确,先将水倒入容器内,然后加入高锰酸钾均匀搅拌,再加入甲醛水溶液,切忌在甲醛水溶液中加入高锰酸钾,以免甲醛水溶液溅出,造成危险。

③新洁尔灭法。

新洁尔灭(苯扎溴铵溶液)是一种阳离子表面活性剂。这类消毒剂可吸附在细菌的表面,从而改变细菌细胞壁和细胞膜的透性,使菌体内的酶、辅酶和代谢产物漏出,妨碍细菌的呼吸及糖酵解过程,并使菌体蛋白变性。此类消毒剂具有杀菌力强、无腐蚀性及漂白性、易溶于水等特点。消毒时一般按照 1∶1 000 进行稀释,如果瓶装的新洁尔灭已经稀释,按照 1∶500 配制即可。具体使用时,可参照使用配比,但不能在使用时将其与肥皂液混合,以防失去药效。新洁尔灭在酸性、中性介质中杀菌力强,对结核杆菌、绿脓杆菌、芽孢、真菌和病毒的效果差。基本而言,新洁尔灭对人体的毒害程度较低,目前还没有其致癌和致畸的报道。但应注意,重复或长期接触本品,有可能对心血管系统、消化系统、生殖系统造成伤害。此外,过敏体质人员接触它可能发生过敏反应,因此在用新洁尔灭进行喷洒消毒时,要注意戴好手套和口罩。

④艾叶和苍术熏蒸法。

艾叶水煎液和艾叶油有抗细菌和真菌的作用,苍术有抗溃疡、抗炎、抗腹泻等作用。艾叶和苍术混用,对室内环境进行熏蒸,是一种新型的空气灭菌方式(詹小平,2009 年)。艾叶用量为0.5 g/m³,苍术用量为2.0 g/m³。干燥艾叶可直接点燃,苍术要先用95% 酒精浸泡24 h,用时再用酒精为助燃剂将它们点燃,熏蒸时间为30 min。艾叶和苍术为常见中草药,价格低廉,消毒操作简单易行,效果持续时间较长,使用时对人体无毒害作用,但应注意防火。

⑤中药煮沸熏蒸法。

中药煮沸熏蒸法(李长兰,2012 年)采用细辛、桂枝、金银花、厚朴、苍术、佩兰、连翘、冰片、艾叶以1:3:3:2:4:2:3:1:3 的比例,根据3.3 g/m³ 的量取药加入清水中,配制成0.16 g/mL 浓度的混合物煮沸,以水蒸气熏蒸进行空气消毒,消毒时间为 60 min。此种消毒方法可使物质比较均匀地弥散到空气中,发挥消毒杀菌的作用。据推测,其主要作用机理可能是药物有效成分挥发到空气中,使细菌因新陈代谢发生障碍而死亡。随着药物浓度逐渐加大,其损伤细菌芽孢的作用也相对增强,能使细菌的核酸及蛋白质外壳变性,破坏芽孢结构。

(2)外植体的准备

①外植体的选取。

外植体指进行植物离体培养的各种接种材料,包括植物的各种器官、组织、细胞和原生质体,其中器官包括根、茎、叶、芽等。理论上来说,植物的任一部分都可以作为外植体进行培养。

a.外植体的选择原则。

选择优良的种质及母株,只有母株种质优良,繁殖出来的种苗才有意义;选择生长健壮的无病虫害的植株,且植株应具有优良的性状、特殊的基因型。组织培养在本质上属于无性繁殖,其繁殖出来的种苗具有与母株相同的性状,所以母株的选择尤为重要,通过组织培养,可以将母株的优良的性状、特殊的基因型保留并传递;外植体来源要丰富,无菌体系的建立是一个漫长的过程,需要通过无数次的试验,这就需要有充足的实验材料才能保证试验成功;外植体要易于消毒,野外生长的材料比室内培养的杂菌多,地下的器官比地上的带菌多,结构复杂的比结构简单的带菌多,应尽量选择带杂菌少的器官或组织,降低初代培养时的污染率。

b.外植体取材的部位。

• 茎尖:在园艺植物组织培养中应用最多,其繁殖率高、不易变异,但取材有限。

• 茎段:采用嫩茎的茎段促进腋芽萌发形成再生植株,取材容易。

• 叶及叶柄:幼嫩叶片组织通过愈伤组织或不定芽分化产生植株,取材容易、操作方便,但容易发生变异。

• 其他部位:种子、根、块茎、块根、鳞片、花粉等也可以作为快速繁殖的材料。

c.材料大小选取适宜。

建立无菌体系时,取材的大小根据植物材料而异。材料太大,易污染,也不必要;材料太小,难以成活。一般选取的培养材料在0.5~1.0 cm,如果是胚胎培养或脱毒培养的材料,则应更小。茎尖分生组织需含1~2 个叶原基,为0.2~0.3 mm;叶片、花瓣为5 mm²;茎段为0.5 cm。

d.外植体的取材季节。

以早春为最好,若在植物生长末期或已进入休眠期后采样,则外植体可能对诱导反应迟钝或无反应。不同植物的取材对季节要求不同,大多数植物应在其生长开始的季节采样。在母株生长旺盛的季节取材,外植体不仅成活率高,增殖率也大。

e.外植体的采集时间。

最好在天气晴朗的时候,上午 8 点以前或下午 6 点以后,夏季应在上午 7 点以前或下午 7 点以后。此时段采集外植体对植物母株的伤害较少,对外植体本身的伤害也较小。

②外植体的消毒。

植物组织培养用的外植体大部分取自室外或大棚里,其表面上附着大量微生物,这是组织培养的一大障碍。因此,材料在接种培养前必须要消毒处理,消毒时要求把材料表面的各种微

生物杀灭,同时不能损伤或只轻微损伤组织材料而不影响其生长。因此,外植体的消毒处理是植物组织培养工作中的重要一环。

a. 常用消毒剂的应用及其效果。

消毒剂在外植体消毒方面的应用相当广泛。各种消毒剂的消毒原理不同。

● 升汞:又称氯化汞($HgCl_2$),常用的浓度为 0.1% ~1%。Hg^{2+} 可以与带负电荷的蛋白质结合,使细菌的蛋白质变性、酶失活,从而杀死菌体。升汞的消毒效果极佳,但易在植物材料上残留,消毒后需用无菌水反复多次冲洗以将药剂除净。升汞对人畜的毒性极强,使用时需带上手套,使用后应做好回收工作。升汞也会给环境造成较大污染,应尽量减少使用或不用。

● 含氯消毒剂:含氯消毒剂的杀菌作用包括次氯酸的作用、新生氧作用和氯化作用。次氯酸的氧化作用是含氯消毒剂最主要的杀菌力所在。含氯消毒剂在水中形成次氯酸,作用于菌体蛋白质。次氯酸不仅可与细胞壁发生作用,且因分子小、不带电荷,故可侵入细胞内与蛋白质发生氧化作用或破坏其磷酸脱氢酶,使糖代谢失调而致细胞死亡。次氯酸钠是一种较好的消毒剂,常用浓度为 1% ~2%,它与水、CO_2 反应能够生成碳酸氢钠、次氯酸,其中次氯酸有强氧化性,可以释放出活性氯离子破坏蛋白质,从而杀死菌体。其消毒能力很强,不易残留,对环境无害。但次氯酸钠溶液碱性强,对植物材料也有一定的破坏作用。次氯酸钙,俗称漂白精,常用浓度为 2%,是强氧化剂,对人的危害极大,有致癌性,使用时要注意自身防护。漂白粉也称含氯石灰,一般情况下含有效氯30%左右,遇水后产生次氯酸,杀菌效果很强,其有效成分是次氯酸钙,消毒效果很好,对环境无害;但易吸潮,散失有效氯,需要密封保存。

● 过氧化氢:也称双氧水,常用浓度为 10% ~12%。其消毒原理是利用强氧化性破坏组成细菌的蛋白质,使细菌死亡。其消毒效果好、易清除,对外植体损伤小,常用于叶片的消毒。

● 酒精:最常用的表面消毒剂,能吸收细菌蛋白质的水分,使菌体蛋白质脱水、变性凝固,从而杀灭细菌。70% ~75%酒精的杀菌效果最好,95%酒精或无水乙醇会使菌体表面蛋白质快速脱水凝固并形成一层干燥膜,阻止酒精的继续渗入,杀菌效果大大降低。酒精对植物材料的杀伤作用也很大,浸泡时间过长,植物材料的生长将会受到影响,甚至被酒精杀死,因此使用酒精时应严格控制时间。但酒精不能彻底消毒,一般不单独使用,多与其他消毒剂配合使用。

● 多菌灵:多菌灵为高效、低毒的内吸性杀菌剂,有内吸治疗和保护的作用,可干扰病原菌有丝分裂中纺锤体的形成,影响细胞分裂。

● 新洁尔灭:新洁尔灭通过改变细菌细胞膜的透性,使内容物外渗,破坏细菌的正常代谢。其对大多数植物外植体的伤害小,杀菌效果好。

● 吐温:吐温作为一种表面活性剂,能显著增强其他消毒剂的消毒效果,多与其他消毒剂配合使用。

● 洗涤剂类:洗涤剂的活性成分是一类被称作表面活性剂的物质,它的作用原理是减弱细菌与植物间的附着力,从而更易将细菌清除。

● 肥皂水:从化学角度来说,肥皂水一般属于碱性。肥皂水消毒是利用了它的碱性,使细菌细胞脱水死亡;另外,在细胞表面形成一层碱膜,包裹细菌,使细菌失氧死亡。

b. 常用消毒剂的配制。

● 配制 500 mL 75% 酒精:用无水乙醇配制。量取 375 mL 无水乙醇,用蒸馏水定容到 500 mL。

用95%酒精配制。量取 375 mL 95%酒精,用蒸馏水定容到 475 mL。

● 配制 500 mL 0.1% 升汞:称量升汞粉末 0.5 mg,用少许蒸馏水溶解后定容到 500 mL。需要注意的是,升汞有毒,直接接触人体时可通过皮肤被吸收,所以配制升汞溶液时须戴好手套;升汞的配制和盛放容器要专用,不要与其他容器混用。

● 配制 500 mL 含有效氯 2% 的次氯酸钠:量取含有效氯 10% 的次氯酸钠原液 100 mL,用蒸馏水定容至 500 mL。次氯酸钠易挥发,应该现配现用。

● 外植体消毒的一般步骤如图 2-15 所示。

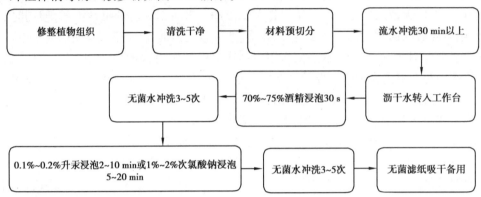

图 2-15　外植体消毒的一般步骤

按照需要对植物组织进行修整,把多余的部分去除并用毛刷、毛笔等工具刷洗干净,然后对材料进行预切分,将材料分成比目标大小稍大的组织块,放于烧杯中,置于流水下冲洗半小时以上,对于容易漂浮或细小的材料,可以在烧杯上盖上纱布。对于难清洗、易污染的材料,可以加入洗涤剂(洗衣粉、洗洁精、肥皂水等)溶液浸泡 5 ~ 10 min,并搅动冲洗,沥干水分后转入超净工作台进行。在超净工作台上,将预处理完成的植物组织放到无菌烧杯或其他容器里(也可用75% 酒精进行表面消毒),倒入 75% 酒精,酒精量以淹没植物材料为宜,浸泡 30 s 后迅速用无菌水冲洗 3 ~ 5 次,并倒入废液缸中,用 2% 次氯酸钠等消毒剂浸泡 5 ~ 20 min 或用 0.1% ~ 0.2%的升汞浸泡 2 ~ 10 min,其间用玻璃棒轻轻搅动或盖上瓶盖轻轻摇动,以促进植物材料各部分与消毒溶液充分接触、去除气泡、消毒更彻底。对于一些难以彻底消毒的材料,可以在消毒剂中加入少量表面活性剂,提高消毒效果。植物材料消毒完成后用无菌水冲洗 3 ~ 5 次,将灭菌后的植物材料转移至无菌培养瓶或接种盘中备用。将解剖刀、镊子放在酒精灯火焰上灼烧 30 s,冷却后将植物材料切成合适的大小,待接种用。

③其他准备工作。

a. 培养基的配制及灭菌。

见任务 2。

b. 常用器具的灭菌。

● 灼烧灭菌法。

利用火焰直接把微生物烧死。此法彻底可靠、灭菌迅速,但易焚毁物品,所以使用范围有限,只适合于接种针、环、试管口及不用的污染物品等的灭菌。

● 干热空气灭菌法。

这是实验室中常用的一种方法,即把待灭菌的物品均匀地放入烘箱中,升温至 160 ℃,恒温放置 1 h 即可。此法适用于玻璃器皿、金属用具等的灭菌。烘箱在高温工作时,实验人员不得离开实验室。

●高压蒸汽灭菌。

高压灭菌锅灭菌是利用饱和压力蒸汽对物品进行迅速而可靠的消毒灭菌。灭菌温度为121 ℃,维持 20～30 min。此法适用于玻璃器皿、液体培养基等。高压灭菌锅工作时工作人员不能离开实验室,且必须待高压灭菌锅内气压降至零时,方能打开高压灭菌锅。

c. 实验服、帽子、口罩等布制品的灭菌。

均用湿热灭菌法,即将洗净晾干的布制品用牛皮纸包好,放入高压灭菌锅中进行高温湿热灭菌。也可用紫外线照射灭菌。

d. 工作人员要求。

操作人员穿戴灭菌过的工作服、口罩,并且换鞋或穿鞋套后进入接种室。进入接种室前用肥皂洗干净双手,操作前再用 70%～75% 酒精擦洗双手。操作过程中尽量戴手套,其间常用酒精或消毒剂擦拭双手和台面。

2) 接种的具体操作

(1)接种室及超净工作台灭菌

接种前 30 min,用喷壶喷洒 70% 酒精进行接种室灭菌。将无菌水、酒精灯、烧杯、75% 酒精、枪形镊子、解剖刀、橡胶手套及培养瓶放入超净工作台内,打开紫外线灯进行灭菌。20 min后关闭紫外线灯,打开排气扇。操作前点燃酒精灯。接种用工具(解剖刀、镊子、剪刀等)可放入 70%～75% 酒精中,使用时需火焰灼烧灭菌,冷却后使用。将外植体在自来水下流水冲洗 30 min 以上,转入烧杯中并置于超净工作台上待消毒。

(2)外植体的消毒

外植体消毒的一般步骤见前文。

(3)外植体接种

左手持培养瓶,右手轻轻拧开瓶盖,将培养瓶瓶口略倾斜,靠近酒精灯火焰,瓶口外部在火焰上灼烧数秒。用灼烧灭菌冷却后的镊子夹取切割好的外植体缓慢送入培养瓶中,使外植体切口接触培养基,注意形态学的上下端。初代培养每瓶接种一个外植体,避免交叉污染。再将瓶口灼烧数秒,拧紧瓶盖,标记接种日期、接种人、培养基类型等。

整个操作过程注意动作幅度不宜过大,瓶口不要朝外,避免气流中的微生物进入。不要高声说话或随意走动,减少气流变化。

如果是无菌材料的继代培养,可直接对材料进行分割,再直接接种在新鲜的培养基上。

3) 外植体培养

(1)初代培养

初代培养是指直接从机体上取下细胞、组织和器官,随后立即进行培养。因此,较为严格地说,初代培养是指成功传代之前的培养,此时的细胞保持原有细胞的基本性质,如果是正常细胞,仍然保留二倍体数;但实际上,通常把第一代至第十代的培养统称为初代培养。

此阶段的主要目的是建立离体培养体系,获得无菌材料和无性繁殖体系。

初代培养基常用诱导培养基或分化培养基,即培养基中含有较多的细胞分裂素和少量的生长素。

（2）继代培养

继代培养是指愈伤组织在培养基上生长一段时间后，营养物质枯竭、水分散失，并积累了一些代谢产物，此时需要将这些组织转移到新的培养基上。对外植体所增殖的培养物（包括细胞、组织或其切段），通过更换新鲜培养基及不断对其切割或分离来进行的连续多代的培养，就称为继代培养。

在此时期，为达到预定的苗株数量，通常需要经过多次的循环繁殖作业。在每次繁殖分化期结束后，必须将已长成的植株切割成带有腋芽的小茎段（或小块芽团），然后插植到新培养容器的继代培养基中，使之再成长为一个新的苗株。

此阶段的目的是对初代培养得到的培养物如愈伤组织、丛生芽等进行扩繁，以增加其数量，达到繁殖的目的。继代培养可使愈伤组织无限期地保持在不分化的增殖状态。如果让愈伤组织留在原来的培养基上继续培养而不继代，则它们不可避免地会发生分化。

继代培养基可以是原来的诱导培养基，也可以适当调整生长调节剂的浓度，随着培养时间的延长和继代次数的增加，培养物的增殖能力下降甚至死亡，改变继代培养基的生长调节剂浓度可以改善这一现象。在经过几次继代培养后，加入少量或不加生长调节剂，培养物也可以生长。

继代次数与变异率在一定程度上是成正比的，因此草本花卉经过多次重复继代后就需要更换培养基。对木本植物来说，随着继代次数的增加，组培苗的生理性病害会增多，增殖系数会变低。

（3）壮苗培养

在继代培养过程中，细胞分裂素浓度的增加有助于增殖系数的提高。但伴随着增殖系数的提高，增殖的芽往往会出现生长势减弱，不定芽短小、细弱，无法进行生根培养的现象；即使能够生根，其移栽成活率也不高，必须经过壮苗培养。壮苗培养时，可将生长较好的芽分成单株培养，而将一些尚未成型的芽分成几个芽丛培养。

选择适宜的细胞分裂素和生长素的种类及浓度配比，可以同时满足增殖和壮苗的不同要求。高浓度的生长素和低浓度的细胞分裂素的组合有利于形成壮苗。因此，在以丛生芽方式进行增殖时，适当降低培养基中6-BA等细胞分裂素的浓度，并增加NAA等生长素的浓度，就能达到壮苗培养的目的。在实际生产中，可以用较低浓度的细胞分裂素与生长素组成合理的比例，将有效增殖系数控制在3.0~5.0，以实现增殖和壮苗的双重目的。

（4）生根培养

①试管内生根。

试管内生根是将成丛的试管苗分离成单苗并转接到生根培养基上，在培养容器内诱导生根的方法。试管苗生根的优劣主要体现在根系质量（粗度、长度）和根系数量（条数）方面。要求不定根比较粗壮，更重要的是要有较多的毛细根，以扩大根系的吸收面积，增强根系的吸收能力，提高移栽成活率。根系的长度不宜太长，太长则移栽时不易舒展，一般以1 cm左右最佳。

在生根阶段对培养基成分和培养条件可进行调整，对于大多数物种来说，诱导生根需要适当的生长素。在含有生长素的培养基中培养4~6天或直接将其移入含有生长素的生根培养基中，均能诱导新梢生根，前者对新生根的生长发育更为有利，后者对幼根的生长有抑制作用。其原因是在根原始体形成后，较高浓度的生长素若继续存在，则不利于幼根的生长发育，但后一种方法的可操作性更强。最常用于生根的生长素是NAA和IBA，浓度一般为0.1~10.0 mg/L。

一些植物如唐菖蒲、水仙和草莓等的组培苗很容易在无生长素的培养基上生根。

也可采用其他方法生根,如延长在增殖培养基中的培养时间,或者有意降低增殖倍率、减少细胞分裂素的用量(即将增殖与生根合并为一步)。

另外,少数植物生根比较困难,需要在培养基中放置滤纸桥,并使其略高于液面,靠滤纸的吸水性供应水和营养,从而诱发生根。从胚状体发育而成的小苗常常具有原先已分化的根,这种根可以不经诱导生根阶段而生长。但因经胚状体途径发育的苗特别多,并且个体较小,所以也常需要一个低浓度或没有植物激素的培养基培养的阶段,以便壮苗生根。

在生根阶段,可以减少试管苗对异养条件的依赖,逐步增强光合作用的能力。一般情况下矿质元素浓度较高时有利于茎、叶生长,较低时有利于生根。生根培养基中无机盐浓度应减少一半甚至更少,如基本培养基调整为1/2MS或1/4MS。将培养基中的碳源——蔗糖含量减少,从普通培养基里的30 g/L降至15 g/L,以减少试管苗对异养条件的依赖;再将光照强度由原来的500~1 000 lx提高到1 000~5 000 lx,刺激植株自身进行光合作用、制造有机物,以便植株由异养型向自养型过渡。但是,光照过强,可能会使蒸腾作用增强,要注意保持水分平衡。在这种条件下,植物能较好地生根,对水分胁迫和疾病的抗性也会有所增强,植株可能表现出生长迟缓和较轻微的失绿,但不影响移栽成活率。

生根阶段采用自然光比灯光照明所形成的试管苗更能适应外界环境条件。培养基中添加活性炭有利于提高生根苗的质量。如邹娜等(2008年)在樱花生根培养基中加入0.1%~0.2%的活性炭后,试管苗不仅生长健壮、无愈伤组织,而且根系较长、呈白色、有韧性,移栽后新根发生快、质量好,成活率高。

在试管内生根壮苗的阶段,为了成功地将苗移植到试管外的环境中,以使试管苗适应外界的环境条件,通常要对试管苗进行驯化。通常不同植物的适宜驯化温度不同,如菊花以18~20 ℃为宜。实践证明,植物生长的温度过高不但会使蒸腾作用加强,而且容易滋生菌类;温度过低则幼苗生长迟缓或不易成活。春季低温时苗床可加设电热线,使基质温度略高于气温2~3 ℃,这不但有利于生根、促进根系发达,而且有利于幼苗提前成活。

②试管外生根。

有些植物种类在试管中难以生根,或有根但与茎的维管束不相通,或根与茎的联系差,或有根而无根毛,或吸收功能极弱,移栽后不易成活,这就需要采用试管外生根法。试管外生根是将已经完成壮苗培养的小苗,用一定浓度的生长素或生根粉浸蘸处理,然后栽入疏松透气的基质中,在试管外完成生根过程,与扦插生根的原理一致。大花蕙兰、非洲菊、苹果、猕猴桃、葡萄和毛白杨等均有试管外生根成功的报道。试管外生根也是一种降低生产成本的有效措施,不仅可以减少无菌操作的工时消耗,而且减少了培养基制备材料与能源消耗,生根后幼苗可与基质一起完成移栽,可提高移栽成活率。

试管外生根基质与扦插基质一致,常见的基质有河沙、草炭、蛭石、珍珠岩、苔藓、园土、红心土、轻基质等,或以上基质的混合物。以苔藓作基质最为理想,植物地下和地上部分的生长都最为旺盛,成活率最高。蛭石的透气性、保水性都较好,既可满足基部的吸水要求,又不会因湿度过大导致基部腐烂而死苗,很多植物种类的生根率可达到70%以上,生根多而长,根系发育完整而健壮。珍珠岩的空隙大、质轻、透气性好,且有一定的保水能力,扦插成活率也较高。

试管苗气培生根也是试管外生根的一种方法,在国内也有一定的研究。冯学赞等(1996年)分别对木本植物和草本植物的气培生根进行了较为详细的研究。将试管苗的茎段进行植

物激素处理后,放到无任何基质的气培容器中进行生根,人为调节环境条件,其生根率与常规生根培养的不相上下。

除此之外,还可用瓶外水培生根。董玲等(1996年)在进行满天星组织培养时,采用瓶外水培生根,将健壮试管苗的茎段用 ABT 生根粉处理后扦插,水培,覆膜,进行保湿管理。其生根率在90%以上,且根系发达、生长势强。

4)培养条件及其调控技术

与自然生长状态一样,组织培养中外植体的生长要受到温度、光照、湿度等各种环境条件的影响。

(1)温度

温度是植物组织培养中的重要因素,在适宜的温度下植物才能良好地生长、分化。大部分植物适宜生长的温度为25±2 ℃,少数要求较低温度(15~20 ℃)或较高温度(30 ℃),如菖蒲、水仙、洋葱、龟背竹等。低于15 ℃时植物生长停止,高于35 ℃时会抑制植物正常生长和发育。

(2)光照

光是植物进行光合作用的必要条件,对离体培养物的生长发育具有重要作用。光照的影响主要表现在光照强度、光照时间和光质三个方面。

①光照强度。

对大多数植物来说,1 000~4 000 lx 的光照强度就能满足其生长的需要。器官的分化需要光照,随着试管苗的生长,光照强度需要不断地增加,才能使幼苗生长健壮,并促使幼苗从"异养"向"自养"转化,以提高移栽成活率。而对于愈伤组织的诱导,暗培养比光培养更合适,所以在前期可以适当降低光照强度,以提高愈伤组织的诱导率。

②光照时间。

普通培养室要求每日光照12~16 h。生产中,在不影响植物材料正常生长的情况下,可尽量缩短光照时间、减少能耗,降低生产成本;或充分利用自然光,节约生产成本,这也有利于组培苗适应自然环境。

③光质。

光质对细胞分裂和器官分化有很大的影响,红光促进芽的增殖,这一点对于植物具有普遍性,但不同植物对于光质中红光所占比例的要求不尽相同,即使同一物种的不同品种,对光质配比的需求也不完全一致。对大多数植物而言,红光可以促进植株幼苗的高度增加,蓝光则利于根的生长。任桂萍等(2016年)研究发现,红光可以促进蝴蝶兰地上部分生长,而蓝光和远红光则可以促进地下部分生长,这可能是由于不同光质通过影响相应光受体的活性来影响植物激素水平,从而影响植物的生长发育。

车生泉等(1997年)研究不同光质对小苍兰试管苗生长的影响时发现,红光有利于根的分化和生长,白光使生根受到明显的抑制。倪德祥等(1985年)发现蓝光对锦葵植物不定根的形成最有效。汉森(Hansen)和波特(Potter)(1997年)将苹果砧木、杜鹃和山月桂品种的插条作黄化处理后,其生根率提高了。李胜等(2003年)发现梨品种"Conference"在白光、蓝光和红光下,即使无外源生长素诱导也能生根,但在远红光和黑暗下无不定根发生,说明光敏色素系统参与了根的形态发生。

（3）湿度

组织培养中有影响的湿度主要包括培养容器内湿度和培养环境湿度两方面。

①培养容器内湿度。

培养容器内湿度通常可保持在100%,之后随着时间的推移,相对湿度会相应下降,容器内湿度主要受琼脂用量和风口材料的影响,在冬季应适当减少琼脂用量,否则培养基干硬,不利于外植体接触或插进培养基中,导致外植体生长发育受阻。

②培养环境湿度。

环境湿度随季节和大气变化会有很大的变动,湿度过高或过低对植物材料的生长都不利,过低会造成培养基失水干枯,影响培养物的分化和生长;过高会造成杂菌滋生,导致污染。

培养室相对湿度以70%~80%为适宜,防止过于干燥或湿度过大。

（4）通气条件

植物组织培养中,植物的呼吸作用需要氧气。对于液体培养基,需进行振荡和旋转以增加液体培养基中的氧气。对于固体培养基,接种时不要把培养物全部埋入培养基中,以免氧气不足。此外,切割外植体后产生的乙烯和培养物产生的 CO_2 也会阻碍培养物的生长和分化,因此培养室要定期进行通风换气,每次通风后要进行消毒以防止污染。

【检测与应用】

1. 在无菌操作过程中应怎样降低污染率?

2. 简述无菌操作的基本流程。

3. 离体快速繁殖中如何避免或减轻褐化现象?

4. 请分析在离体快速繁殖中可能产生污染的原因。

5. 举例说明离体快速繁殖技术在园林植物中的应用。

任务4 外植体的接种和初代培养

任务4-1 常见草本观赏植物的初代培养(以景天科植物长寿花为例)

【课前准备】

配制培养基 MS+6-BA$_{2.5\ mg/L}$+NAA$_{0.1\ mg/L}$ 1 L,分装到规格为 340 mL 的培养瓶中。

取景天科植物(长寿花)的叶片或茎段为外植体,简单清洗后置于自来水下冲洗 30 min 以上。

75% 酒精、2% 次氯酸钠、无菌水、95% 酒精或工业酒精等。

灭菌的接种工具、无菌接种盘(含无菌滤纸)等。

【任务步骤】

1)布置任务

认真筛选景天科植物,其需具备以下条件:有明显的地上茎,分枝较多。

采集外植体并对其进行预处理,将采回的茎修剪为带有 2~3 个节的茎段,或分成单独的叶片。

2)任务目的

①学会独立配制培养基,掌握景天科植物的选择原理及外植体的消毒处理方法。

②掌握无菌操作的基本方法。

3)方法步骤

(1)培养基的配制与灭菌

提前 3 天配制初代培养基,并经高温灭菌,冷却后备用。

(2)外植体的预处理与消毒

将外植体上的叶片和茎段分开,分别放入容器中,转入超净工作台进行消毒。外植体在 75% 酒精中浸泡 30 s,用无菌水冲洗 3 次,消毒剂选用 2% 次氯酸钠,消毒时间为 15 min。

(3)接种工具的准备

灼烧接种工具,晾凉备用。将消毒好的外植体放置在无菌滤纸上吸干多余水分备用。

(4)外植体的切割

切除被消毒剂浸泡过的部分组织,将茎段切成长度约 1 cm,每个茎段上含一个节,切好后

放在无菌滤纸上备用。将消毒好的叶片背面刻伤,切成边长约为 1 cm 的组织块,切好后放在无菌滤纸上备用。

（5）接种

每完成一次切割,就将解剖刀和镊子在 95% 酒精中浸蘸一下,在酒精灯火焰上灼烧灭菌之后放回搁架上,以便冷却后下一次切割用。操作工具每使用一次均需灼烧灭菌,以减少交叉污染的概率。在酒精灯火焰的前方打开待接种的培养瓶,将瓶口灼烧,快速将准备好的外植体片段接种到新培养基上,注意叶组织的刻伤处贴紧培养基,茎段要插进培养基中(注意形态学的上下端)。将瓶盖灼烧后迅速盖上。将接种完成的培养瓶放置在操作台靠外的位置,以方便实验完成后取出。

（6）整理

将使用过的接种工具在工业酒精中浸泡后灼烧,晾凉备用。将使用过的接种盘放到操作台右边靠外的位置,以方便取出。

（7）标记

重复上述操作,直至完成实验。用记号笔在培养瓶上书写培养基类型、接种日期、接种人等信息。也可将无菌苗切成合适的大小,转接到初代培养基上,重复以上步骤,直至接种完成。

任务 4-2　常见木本观赏植物的初代培养(以茶树侧芽、顶芽为例)

【课前准备】

配制培养基 $WPM+TDZ_{2.0\,mg/L}$,1 mol/L HCl 溶液、1 mol/L NaOH 溶液,MS 干粉培养基,琼脂粉,蔗糖,培养瓶(规格为 340 mL)若干。

【任务步骤】

1）布置任务

配制 1 L 固体培养基 $WPM+TDZ_{2.0\,mg/L}$,分装到规格为 340 mL 的培养瓶中,每瓶装培养基约 30 mL。提前一天采集茶树枝条,采回后室内水养。

2）任务目的

①独立配制培养基,掌握外植体芽的选择原理及方法。
②掌握无菌操作的基本方法。

3) 方法步骤

（1）培养基的配制与灭菌

具体方法参照任务 2-3 WPM 完全培养基的配制（干粉法）。

提前 3 天配制初代培养基，并经高温灭菌，冷却后备用。

（2）外植体的预处理与消毒

灼烧接种工具，晾凉备用。茶树茎段消毒用 0.2% 升汞+1 滴吐温，消毒时间为 15 ~ 18 min。将消毒好的外植体放置在无菌滤纸上吸干多余水分备用。

（3）外植体的操作与接种

将侧芽或顶芽从枝条上切下，剥开芽表面的几层叶片，切下顶端 0.5 mm 大小的顶端组织，快速接种在新的目标培养基上，注意芽的切面处贴紧培养基。将瓶盖灼烧后迅速盖上，每瓶培养基中只接种 1 个芽。接种完成的培养瓶放置在操作台靠外的位置，以方便实验完成后取出。

（4）整理

将使用过的接种工具在工业酒精中浸泡后灼烧，晾凉备用。使用过的接种盘放到操作台右边靠外的位置，以方便取出。

（5）标记

重复上述操作，直至完成实验。用记号笔在培养瓶上书写培养基类型、接种日期、接种人等信息。

注意：茶树的各部分在浸泡过程中容易释放酚类物质，组织培养时容易褐化，为了减轻褐化，切割过程可置于无菌的惰性溶液 PVP 中进行，或在初代培养基中直接添加一定浓度的 PVP。其他植物材料可直接切割。

附图　茶树愈伤组织诱导

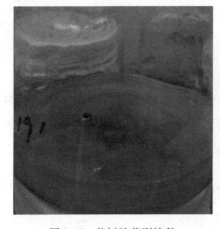 

图 2-16　茶树腋芽刚接种　　　　　图 2-17　紧密的茶树愈伤组织

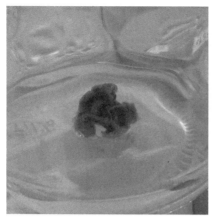

图 2-18　茶树叶片诱导愈伤组织　　　　图 2-19　疏松的茶树叶片愈伤组织

任务 4-3　常见木本观赏植物的初代培养(茶树胚愈伤组织的诱导)

【课前准备】

配制培养基 MS+6-BA$_{0.5\,mg/L}$+KT$_{0.5\,mg/L}$+TDZ$_{0.5\,mg/L}$；

1 mol/L HCl 溶液、1 mol/L NaOH 溶液,MS 干粉培养基,琼脂粉,蔗糖,培养瓶(规格为
340 mL)若干。

【任务步骤】

1)布置任务

配制 1 L 固体培养基 MS+6-BA$_{0.5\,mg/L}$+KT$_{0.5\,mg/L}$+TDZ$_{0.5\,mg/L}$,分装到规格为 340 mL 的培养瓶
中,每瓶装培养基约 30 mL。提前采集刚成熟的茶果,置于普通冰箱中冷冻保存。

2)任务目的

①独立配制培养基,掌握外植体芽的选择原理及方法。
②掌握无菌操作的基本方法。

3)方法步骤

(1)培养基的配制与灭菌
具体方法参照任务 2-3 WPM 完全培养基的配制(干粉法),其中 WPM 干粉换为 MS 干粉。

提前 3 天配制初代培养基,并经高温灭菌,冷却后备用。

(2)种子的预处理

用锤子敲开茶果坚硬的外果皮,小心取出种子,避免破坏种皮,保证种子及胚不接触空气。

(3)种子的消毒

取出的种子及胚用无菌水浸泡,并转移至超净工作台上。用 75% 酒精浸泡后,无菌水冲洗 5 次,再用 2% 次氯酸钠浸泡 15～18 min,再次用无菌水冲洗 5 次后置于无菌滤纸上吸干多余水分备用。

(4)接种工具的准备

灼烧接种工具,晾凉备用。

(5)接种

将种皮剥除,用解剖刀将胚及子叶切块后接种到培养基上,将瓶盖灼烧后迅速盖上。为避免交叉污染,每瓶培养基上只接种 1 个外植体。将接种完成的培养瓶放置在操作台靠外的位置,以方便实验完成后取出。

(6)整理与标记

将使用过的接种工具在工业酒精中浸泡后灼烧,晾凉备用。将使用过的接种盘放到操作台右边靠外的位置,以方便取出。重复上述操作,直至完成实验。用记号笔在培养瓶上书写培养基类型、接种日期、接种人等信息。

(7)培养

将接种完成的培养瓶置于室温 25±2 ℃、避光的培养条件下进行培养。培养 3～7 天统计污染情况,接种 50 天后统计愈伤组织的诱导情况。

附图　茶树种子组织培养

图 2-20　茶树种子接种时

图 2-21　接种后 30 天

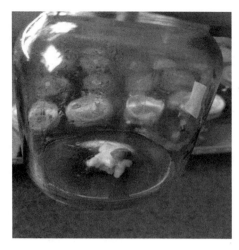

图 2-22　接种后 50 天,愈伤组织　　　　图 2-23　接种后 90 天,愈伤
从子叶部分长出　　　　　　　组织增殖 2 倍

任务 4-4　菊花茎尖的剥离与培养

【课前准备】

配制培养基,配方如下(王仁睿等,2009 年)。

菊花茎尖萌发培养基:$MS+6\text{-}BA_{0.5\,mg/L}+NAA_{0.1\,mg/L}$;菊花丛生芽诱导培养基:$MS+6\text{-}BA_{1.0\,mg/L}+NAA_{0.5\,mg/L}$;菊花增殖培养基:$MS+6\text{-}BA_{2.0\,mg/L}+NAA_{0.1\,mg/L}$;菊花生根培养基:$MS+NAA_{0.8\,mg/L}+$活性炭$_{1.0\,g/L}$。

1 mol/L HCl 溶液,1 mol/L NaOH 溶液,MS 干粉培养基,琼脂粉,蔗糖,培养瓶(规格为 340 mL)若干;75% 酒精、2% 次氯酸钠溶液、无菌水等。

镊子、手术刀、剪刀、酒精灯、棉球、三角瓶、火柴、无菌培养皿、无菌滤纸、超净工作台、体视显微镜等。

【任务步骤】

1)布置任务

配制各类型培养基各 1 L,分装到规格为 340 mL 的培养瓶中。提前准备感病植物材料,接种健康植株,或选择田间生长旺盛、患病较轻的植株。

茎尖萌发培养基:$MS+6\text{-}BA_{0.5\,mg/}L+NAA_{0.1\,mg/L}$

丛生芽诱导培养基:$MS+6\text{-}BA_{1.0\,mg/L}+NAA_{0.5\,mg/L}$

增殖培养基:$MS+6\text{-}BA_{2.0\,mg/L}+NAA_{0.1\,mg/L}$

生根培养基:$MS+NAA_{0.8\,mg/L}+$活性炭$_{1.0\,g/L}$

以上培养基均添加 30 g/L 蔗糖和 6 g/L 琼脂粉,pH 值 5.6 ~ 6.0。

2)任务目的

①掌握植物茎尖的剥离方法,熟悉茎尖脱毒的消毒方法、茎尖培养的培养基类型以及培养条件。

②掌握脱毒苗的鉴定方法。

③了解影响茎尖培养的其他因素。

3)方法步骤

(1)培养基配制

提前 3 天配制培养基及灭菌,冷却后备用。

(2)取材

在春秋两季选择提前准备好的感病植物材料,接种健康植株;或选择田间生长旺盛、患病较轻的植株。剪取顶端 2 ~ 3 cm 的枝条。

(3)母株带病毒情况的检测(二者选其一)

①生物学鉴定。

母株品种分别接种昆诺阿藜、克利夫兰烟、心叶烟、矮牵牛、番杏、洋酸浆共 6 种鉴别寄主。取母株枝叶放在研钵中磨成汁液,接种上述鉴别寄主。接种后,放置在 18 ~ 25 ℃ 的防虫空调温室中观察 1 个月,记载症状反应。

②血清学鉴定。

采用双抗体夹心酶联免疫吸附法(DAS-ELISA),用 3 种不同的抗血清——分别为番茄不孕病毒(TAV)、黄瓜花叶病毒(CMV)和菊花 B 病毒(CBV),对母株品种进行病毒检测。

(4)外植体的预处理与消毒

将采回的枝条去除开展的大叶片,选择生长充实且小叶还未完全开展的枝条,保留茎顶端 1 cm 左右,于水下冲洗 30 min 后置于超净工作台内,75%酒精消毒 30 s,无菌水清洗 3 遍,再用 2% 次氯酸钠溶液消毒,消毒时间分别为 7 min、9 min、11 min,无菌水清洗 5 次,最后用无菌水冲洗后置于无菌滤纸上吸干多余水分备用。

(5)茎尖剥离与接种

将消毒好的外植体置于解剖镜下,用解剖针仔细剥离幼叶和叶原基,直至露出半圆球形的茎尖,用锋利的解剖刀切取先端 0.3 ~ 0.5 mm 长的茎尖分生组织,立即将其挑入茎尖萌发培养基上,注意切口与培养基要紧密贴合。剥取茎尖时,动作要敏捷,随切随接,避免茎尖失水,影响成活率。

(6)培养

将接种好的茎尖置于 25±2 ℃ 的温度下,每天在 16 h、2 000 ~ 3 000 lx 的光照条件下培养。由于在低温和短日照下茎尖有可能进入休眠,所以必须保证较高的温度和充足的日照时间。接种一周后统计污染率,30 天后统计茎尖的生长情况。

对于有的菊花种类,脱毒茎尖 1 ~ 2 周即可转绿、伸长、基部变粗,1 个月后茎尖伸长明显,原来的叶原基发育成小叶片,也有的菊花种类的茎尖培养需要 3 ~ 4 个月的时间。得到的无菌

苗即为无毒苗。

（7）脱毒苗的鉴定

可采用生物学法或血清法进行鉴定。

（8）丛生芽诱导

将培养所得无毒苗转入丛芽诱导培养基上进行丛生芽的诱导，随后将丛生芽切下，转至增殖培养基上进行增殖培养，接种 1 个月后丛生芽增殖，丛芽苗壮。

（9）生根诱导

当茎长到 3 cm 或更长时转入生根培养基进行生根培养，7 ~ 15 天就会逐渐长出根系，最终形成完整的小植株，移栽后成为脱毒植株。

【知识点】脱毒培养

1）脱毒方法

（1）分生组织脱毒

①分生组织脱毒的原理。

病毒在植物体内的分布是不均一的，越接近生长点（0.1 ~ 1 mm 区域），病毒浓度越小，因此有可能采用小的生长点离体培养而脱除植物病毒。生长点几乎不含或很少含病毒，原因有如下几个：一是病毒在寄主植物体内主要靠维管束传播，茎尖或根尖分生组织没有维管束，无法传播病毒；二是病毒还可以通过胞间连丝进行传播，但其传播速度远远赶不上分生组织的生长速度；三是分生组织中存在高浓度的内源生长素，会抑制病毒的繁殖。

可用于分生的不同植物及同一植物茎尖脱毒所需的茎尖大小不同。植株再生能力与芽尖大小成正比，芽尖越小，病原体的消除效果越好。而获得的脱毒植株的数量与分生组织的大小成反比，被病毒感染的风险也随外植体的增大而增加。除这些指示因素外，病毒的消除还依赖病毒在植物组织中的浓度和母株的生理状况。所以，茎尖并非越小越好，综合考虑脱毒效果和成活率，一般茎尖切取 0.2 ~ 0.3 mm 长为宜。

细川（Hosokawa）等（2005 年）的研究结果表明，由于根分生组织细胞的分化潜能很大，根端相对茎尖来说是更适合进行分生组织培养的组织。如钱长根等（2017 年）采用草莓根尖进行脱毒，解决了茎尖脱毒时遇到的操作烦琐、效率低、消毒难彻底、组培苗污染率高等问题，具有操作更简便、效率更高、消毒易彻底、组培苗污染率低、繁殖速度快、苗质好等优点。但是茎尖比根尖取材容易，所以对茎尖的研究比根尖的广泛得多。通常根尖切取前端长约 0.1 ~ 0.2 mm 作为外植体。

②茎尖培养法脱除植物病毒的技术关键。

茎尖离体培养"三步走"：外植体表面消毒——茎尖剥离——茎尖培养。

a. 被脱毒植物携带的病毒的诊断及其在体内的分布。

脱毒之前，应了解植物携带何种病毒，病毒在植物体内的分布，以确定培养茎尖的大小。

b. 母体植株的选择和预处理。

● 母体的选择。必须考虑到欲脱毒材料的品种典型性，这关系到脱毒以后的脱毒苗是否保持原品种的特征、特性。

●外植体选择。应选感病轻、带毒量少的健康植株作为脱毒的外植体材料,这样更容易获得脱毒株。

●外植体预处理和消毒。将采回的枝条去除开展的大叶片,选择生长充分且小叶还未完全开展的枝条,保留茎顶端 1 cm 左右,于水下冲洗 3 min。消毒剂选用 75% 酒精,消毒 30 s 后用 2% 次氯酸钠溶液消毒 7 ~ 12 min。

③茎尖的剥离。

在剥取茎尖时,把茎芽置于解剖镜下(8 ~ 40 倍),一只手用镊子将其按住,另一只手用解剖针将叶片和叶原基剥掉,解剖针要常常蘸 90% 酒精并用火焰灼烧以进行消毒。但要注意解剖针的冷却,可将其蘸无菌水进行冷却。当一个闪亮半圆球的顶端分生组织充分暴露出来之后,用解剖刀片将分生组织切下来,为了提高成活率,其可带 1 ~ 2 枚幼叶,然后将其接到培养基上。接种时确保微茎尖不与其他物体接触,只用解剖针接种即可。剥离茎尖时,应尽快接种,茎尖暴露的时间应当越短越好,以防茎尖变干。可在一个衬有无菌湿滤纸的培养皿内进行操作,有助于防止茎尖变干。

通过继代培养繁殖得到足够多的幼苗后,需进行病毒检测。

(2)热处理脱毒法

①热处理脱毒法的原理。

病毒由蛋白质组成,高温可以使蛋白质变性,所以可通过高温钝化病毒。热处理的材料可以是母株(已长芽的块茎),也可以是已经剥离的、长到 1 cm 左右的小植株。高温热处理在恒温箱内进行:将籽球或小苗放入恒温箱中,起点温度可稍低,逐渐升至处理温度,一般在 35 ~ 54 ℃的条件下热处理几小时、几天甚至几个月。

②热处理脱毒法的操作。

热处理通常与茎尖培养相结合脱毒,对于单用茎尖或热疗法难以脱除的病毒,可先进行热处理,植株茎尖无毒化后再采用茎尖组织培养法,这样可以提高脱毒成功的概率。赵祝成等(2003 年)用水仙 0.2 ~ 0.3 mm 长微茎尖培养、37±1 ℃ 热处理 30 天,可以有效脱除水仙病毒。香石竹置于 38 ℃ 的环境中 60 天,其茎尖中的病毒即可被消除。在热处理茎尖的过程中,通常温度越高、时间越长,脱毒效果就越好,但是同时植物的生存率呈下降趋势,所以选择温度时应当考虑脱毒效果和植物耐性 2 个方面。洪霓等(1995 年)在梨病毒的脱毒研究中采用 2 种方法处理,可恒温处理,温度控制在 37±1 ℃;也可变温处理,温度为 32 ℃ 和 38 ℃,每隔 8 h 变换 1 次,发现变温处理相比恒温处理,植株死亡率较低,脱毒效率较高。

热处理的缺陷是不能脱除所有病毒,一般而言,其对球状病毒、类似纹状的病毒以及类菌质体所导致的病害才有效,对杆状和线状病毒的作用不大。有些病毒不进行热处理,仅用茎尖培养就能脱毒,例如在侵染马铃薯的病毒中,对于 PIRV、PVA 和 PVY,不进行高温预处理,脱毒率也相当高,不过高温预处理可以显著提高对 PAMV、PVX 和 PVS 的去除作用。

(3)化学疗法脱毒

①化学疗法脱毒的原理。

抗病毒药剂在三磷酸状态下会阻止病毒 RNA 帽子结构的形成,在培养基中可添加防止病毒扩散的化学药剂。在外植体和茎尖培养的培养基中加入抗病毒复合物,如病毒唑、阿昔洛韦、叠氮胸苷等,对于感染病毒的外植体或者提供茎尖的植物,这种方法可获得比不添加化学药剂的组织培养法更高的脱毒率。

　　常用的抗病毒药剂有三氮唑核苷（病毒唑）、5-二氢尿嘧啶（DHT）和双乙酰-二氢-5-氮尿嘧啶（DA-DHT）、环己酰胺、放线菌素-D、碱性孔雀绿等。其中病毒唑是广谱性抗病毒药物，早在20 世纪 70 年代末至 80 年代初，国外一些科学家就将这种抗动物病毒的药物应用于植物，成功地脱去了马铃薯 X 病毒、黄瓜花叶病毒和苜蓿花叶病毒等。

　　化学治疗剂常常加到供植株生长的培养基上，能提高培养基去除病毒的能力，可以显著提高产生无病毒植株的百分率。目前采用病毒抑制剂与茎尖培养相结合的脱毒方法，可以较容易地脱除多种病毒，而且这种方法对取材要求不严，接种茎尖可大于 1 mm，易于分化出苗，提高存活率。

　　谢嘉华等人研究表明，三氮唑核苷对黄瓜花叶病毒、马铃薯 X 病毒、烟草花叶病毒等多种病毒的增殖有抑制作用，用添加三氮唑核苷的培养基培养带毒植株一段时间（2~3 个月）后，取萌发的顶芽移植到不含三氮唑核苷的培养基中继代培养，可增加产生无病毒后代植株的百分率。根据尚佑芬等人的报道，培养基未加药剂处理时茎尖苗脱毒率为 33.3%，添加 1.5% TS 病毒钝化剂处理后脱毒率提高 49.5%。一些植物生长素如 NAA、6-BA 对降低百合外植体中病毒的浓度也有一定效果。也有将茎尖培养与热处理、化学药剂处理相结合来脱毒的，如在 MS 培养基上附加 5 mg/L 病毒唑培养菖蒲，再经 38~40 ℃热处理，切取微茎尖 2 次，由此去除了危害唐菖蒲的 3 种主要病毒 TMV、CMV 和 TYV。

　　②化学疗法脱毒的操作。

　　化学疗法的操作很简单，将药品直接加入无菌培养基中，与试管苗共培养或喷施于果树的幼嫩部位，连续施用几次，3~5 个月后，经检测可得到一定数量的脱毒苗。

　　化学疗法只能有目的地脱掉某种或某几种病毒，但是由于其方便快捷、操作简单，所以具有广阔的前景。

　　（4）愈伤组织脱毒

　　①愈伤组织脱毒原理。

　　愈伤组织脱毒是利用病毒在植株体内不同器官和组织中分布不均匀来对植株进行脱毒的一种方法。一般认为病毒在愈伤组织内很难运转，或病毒的复制速度赶不上细胞的增殖速度，这样未感染病毒的细胞通过增殖即可得到无毒组织，进而得到无毒植株。

　　在愈伤组织培养时还可能产生抗性变异，变异的植株对病毒有抗性，这样也能得到无毒植株。但变异不受人为因素控制，因此很难通过变异得到预期的抗病植株。愈伤组织脱毒工作量大，效果并不稳定，还有可能发生变异。

　　香石竹在含苞待放时，花瓣基部是分生能力最强的部分，这部分组织或细胞形成的愈伤组织不带毒的机会很高，利用此原理可获得香石竹的脱毒植株（王蓓等，1990 年）。

　　②愈伤组织脱毒方法。

　　具体方法是通过花卉各器官或组织诱导产生愈伤组织，从愈伤组织再诱导分化产生芽，长成小植株，由此得到无病毒苗。刘文萍等人（1992 年）用唐菖蒲花蕾进行离体培养，发现可脱除烟草花叶病毒，脱毒率为 60%。

　　（5）花药培养脱毒

　　①花药脱毒原理。

　　花药培养的脱毒率可达 100%，且可省去病毒鉴定的程序，因此被认为是获得无病毒植株的最佳途径。这种方法的缺陷是植株的遗传性不稳定，可能会产生变异植株，并且一些植物的

愈伤组织目前尚不能产生再生植株。

②花药脱毒的方法。

花药脱毒的程序与一般的组织培养程序大致相同,摘取外植体花蕾,消毒后剥离出花药并接种在培养基上进行愈伤组织诱导,最后得到植株。愈伤组织的诱导还受很多其他因素的影响,如植物基因型和培养条件。花药培养最重要的是花药内激素水平,而小孢子发育过程中花药内激素水平在不断改变,因此,花粉的发育时期是花药培养成功与否的重要因素。处于不同阶段的花药,其培养效率差别很大,只有花粉发育到一定时期,对外界刺激才最敏感。而不同植物的花粉对外界刺激的敏感时期是不同的。花药培养脱毒虽然在脱毒率上有绝对优势,但花药培养效率较低。

(6)低温处理脱毒

①低温处理脱毒原理。

温热疗法通常可将大部分病毒脱除,但是也有少部分病毒需在持续低温下去除。所谓低温处理脱毒就是用一定低温处理材料,经过较长时间的低温处理,使病毒钝化而失去增殖能力。其原理是易感病毒的大细胞内液泡大,含水量高,在超低温处理的过程中易受冻害而死亡,而不含病毒的分生组织不含液泡,含水量少,容易成活,可分化成芽,长成脱毒苗。使用低温处理脱毒时,可选择只允许有限数量外植体存活的条件,从而消除一大批感染病毒的组织。因此,采取低温处理脱毒可获得比传统茎尖培养多得多的脱毒再生苗。将外植体长期暴露在低温下进行芽尖培养的方法在脱毒方面很成功,低温处理的脱毒率很高。

低温处理脱毒在观赏植物和蔬菜作物中应用较多,菊花(蔡祝南等,1992 年)在 5 ℃下处理 4 ~ 7 个月,可脱除菊花矮化病毒(CsV)和褪绿斑驳病毒(CCMV)。运用低温处理脱毒已成功从大量的植物品种中消除了病原体(病毒和细菌):菊花、马铃薯、甘薯、葡萄、柑橘、覆盆子、香蕉等。

②低温处理脱毒方法(包埋法)。

a. 超低温保存。

● 预处理:用铝箔纸包裹接种后的培养瓶放入冰箱 4 ℃下低温驯化炼苗,炼苗的时间根据植物种类来定,炼苗的培养基需要添加高浓度的蔗糖,一般蔗糖浓度为 0.4 mol/L。预处理的目的是使材料脱水、增加含糖量和提高细胞膜在严重脱水条件下的稳定性。

● 装载:为了减少冰冻保护剂的渗透压和毒性对抗脱水性较差的材料所造成的伤害,多数材料需要有一个装载的过程。即在室温条件下,材料用较高浓度的冰冻保护混合液(装载溶液)处理一段时间,进一步降低组织的含水量,这样可以避免渗透压的剧烈变化对材料的伤害。装载溶液一般是甘油 2 mol/L+蔗糖 0.4 mol/L,有的是稀释的玻璃化溶液。

● 冰冻保护剂脱水:除一些对脱水极不敏感的材料外,几乎所有的植物材料都要经过冰冻保护剂的处理,以保证超低温保存后能成活。常用的冰冻保护剂是 PVS2 溶液(Sakai A et. al.,1990 年):30%(W/V)甘油+15%(W/V)乙二醇+15%(W/V)DM SO+0.4 mol/L 蔗糖的培养基。不同的材料用冰冻保护剂处理的时间不同,以保证细胞充分脱水,防止冰冻保护剂毒害和渗透压造成细胞损伤为原则,冰冻前一般先将加入冰冻保护剂的材料放入 0 ℃环境下处理 30 min 左右。

● 冰冻:冰冻的方法主要有慢冻、快冻、分步冰冻、干冻、玻璃化冰冻等,可根据材料选择冰冻的方法。无论哪种方法,都是基于玻璃化理论。无论是保存植物材料还是去除植物病毒,玻

璃化法都简单、快速、有效,是目前最常用的一种冰冻方法。玻璃化冰冻是将材料经较高浓度的冰冻保护剂处理后快速投入液氮中,使材料迅速进入玻璃化状态,避免了对组织产生机械损伤的冰晶的形成,适用于多数材料。近年来新发展起来的包埋-玻璃化法(Encapsulation-virification)是将包埋-脱水法和玻璃化法结合起来的一种方法,同时具有包埋-脱水法和玻璃化法的优点,且操作简便、材料存活率高,已经成功保存了多种植物材料,具有较好的应用前景。

●解冻及卸载:根据冷冻方法及材料来决定解冻的速度。一般采用快速解冻法:35 ~ 45 ℃,1 ~ 3 min。从热力学上讲,冰融化过程中再形成的冰晶尺寸较大时,对材料的伤害较大,要避免这种伤害,解冻速度应尽可能快。卸载的目的是清除细胞内的冰冻保护剂,即用洗液(一般为 1.2 mol/L 蔗糖的培养基)洗涤 3 次,每次停留 10 ~ 15 min。高渗性的培养基有利于减轻细胞质壁分离恢复过程中造成的损伤。

b. 材料恢复生长和病毒检测。

●恢复生长:将经过以上处理的材料立即转移到相应的培养基中恢复生长。有些材料需要在黑暗条件下培养几天,再放到光照条件下培养。培养 40 天后统计成活率,以茎尖恢复绿色为成活。简令成等(1987 年)对甘蔗的试验表明,培养在黑暗条件下的愈伤组织能较快地恢复生长,生长速度较快,存活率较高。

●病毒检测:对恢复生长的材料进行病毒检测是检验低温疗法脱毒成功与否的关键。方法见后文"2)脱毒效果检测"。

●建立脱毒种苗生产繁殖网络体系:如果试管苗生产成本过高或移栽困难,可将试管苗选择性种植在一定的控制区域,在繁殖技术和环境隔离上保证较高水平,使繁殖的种苗能有效抵抗病毒的再侵染。

●影响脱毒效果的因素:a. 母体材料病毒侵染的程度,单一病毒感染的植株脱毒较容易,而复合浸染的植株脱毒较难;b. 外植体的生理状态,顶芽的脱毒效果比侧芽好,生长旺盛的芽的脱毒效果比休眠芽或快进入休眠的芽好;c. 起始培养的茎尖大小,不带叶原基的生长点培养脱毒效果最好,带 1 ~ 2 个叶原基的生长点培养可获得 40% 脱毒苗。

2)脱毒效果检测

(1)生物学检测

生物学检测主要是指示植物检测,是最早应用于植物病毒检测的方法。所谓指示植物是指具有能够辨别某种病毒的专化性症状的寄主植物。指示植物鉴定即植物病毒都有一定的寄主范围,并在某些寄主上表现出特定的症状(病斑或枯斑等),以此可以作为鉴别病毒种类的标准。常用的指示植物有木本植物和草本植物两大类。

马铃薯病毒的敏感植物有千日红、黄花烟、心叶烟、毛叶曼陀罗。

大丽花病毒的敏感植物有矮牵牛、黄瓜、苋色藜。

菊花病毒的敏感植物有矮牵牛、豇豆。

指示植物鉴定病毒的方法如下。

①摩擦接种法(机械接种法)。

当待检测植株为草本时,取待检测植株的叶片、花瓣或枝条置于研钵中,加入少量的水和等量的 0.1 mol/L 磷酸缓冲液(pH 值 7.0),低温下磨成匀浆。将提取液涂抹在指示植株的叶片上,在指示植株的叶片上撒上金刚砂,通过轻轻摩擦使汁浸入叶片表皮细胞而不损伤叶片。接

种后用蒸馏水清洗叶面残留的汁液。当待检测植株为木本时,接种前应向提取液中加入一定浓度的抗氧化剂等,以降低寄主植物中多酚、单宁类物质氧化对病毒的钝化作用。将指示植株放于带防蚜虫网罩的温室内,然后视其有无病斑,判断其是否脱除了病毒。如果用感染葡萄病毒及类似病毒的植物提取液接种指示植株后,指示植株表现出各种症状,如主脉和小叶脉坏死、叶片边缘褪绿黄斑等,则证明该待检测植株体内具有相应的葡萄病毒(表2-8)(张尊平等,2010年)。如果感染病毒的植株提取液接种指示植株(苏俄苹果)后,指示植株表现出矮化、褪绿斑、舟形叶等症状,则说明检测植株感染了苹果褪绿叶斑病毒P204系(表2-9)(王国平等,1992年)。

表2-8 葡萄病毒及类似病毒在指示植株上的症状表现

指示植株	症状表现
110R	主脉和小叶脉坏死
Kober 5BB	叶片边缘褪绿黄斑,叶片皱缩
河岸葡萄	叶片沿一二级主脉褪绿、花叶
沙地葡萄圣乔治	叶片褪绿斑驳,扇形叶,叶脉透明
LN33	叶片反卷,叶脉间变红

表2-9 7种木本植物对3种苹果潜隐病毒的症状表现

病毒及其株系		指示植株	症状表现
苹果褪绿叶斑病毒	P204	苏俄苹果	矮化、褪绿斑、舟形叶
		Mo-84	叶片皱缩、矮化
		大果海棠	线纹斑、矮化
	乔红 CLSV	苏俄苹果	矮化、褪绿斑、舟形叶
		Mo-84	叶片皱缩、矮化
		大果海棠	线纹斑、矮化
苹果茎炭疽病毒	B49	司派227	叶片反卷、皮层坏死斑
		Mo-65	矮化、叶片坏死斑
		光辉	叶片反卷、皮层坏死斑
	乔红 CLSV	司派227	叶片反卷、皮层坏死斑
		Mo-65	矮化、叶片坏死斑
		光辉	叶片反卷、皮层坏死斑
苹果茎沟病毒	P208	弗吉尼亚小苹果	木质部条沟
	B15		木质部条沟
	国 SGV		木质部条沟、肿大、褐纹
	弗 SGV		木质部条沟、肿大、褐纹

与血清学和分子生物学检测方法相比,指示植株鉴定法虽然耗时较长,但由于其鉴定谱广,对条件和设备要求不高,尤其对于病原不明的嫁接传染性病害是唯一检测方法,因此目前仍被广泛采用。

②嫁接法。

有些病毒不是通过汁液传播,而是通过专门的介体传播,例如草莓黄花病毒、草莓丛枝病毒是以一种特殊的蚜虫为介体进行传播的。鉴定这种病毒,需将培养植株的芽嫁接在敏感植株上,根据敏感植株的病症来判断培养植株是否脱除了病毒。

(2)血清鉴定法

①试管沉淀反应。

在抗原-抗体为最适比例的条件下,通过观察有无沉淀的产生来确定被测植株是否带病毒。

试管沉淀反应的操作简单,需注意的是防止叶绿体的自发凝聚,可用磷酸缓冲液提取汁液,再用氯仿处理除去叶绿体,pH 值保持在 6.5 ~ 8.5;抗原、抗体的比例要适当,抗原过量时会抑制沉淀的生成。

②免疫双扩散。

免疫双扩散是在半固体凝胶中测定扩散其中的抗原和抗体间的沉淀反应的方法。与沉淀法比较,其有两个优点:一是节约血清,二是汁液不用特殊处理。

操作步骤简单,第一步倒胶,一般胶厚 2 mm;第二步打孔,多打成梅花形;第三步加样,即加血清和汁液。一般加样后在 37 ℃ 恒温下过夜即可进行结果观察,有扩散沉淀的即为带毒株,没有的则为不带毒株。

③酶联免疫吸附测定。

它是将抗原、抗体的免疫反应和酶的高效催化反应有机结合起来的一种综合性技术。即通过化学方法将酶与抗体或抗原结合起来,形成酶标记物;然后让其与相应的抗原或抗体起反应,形成酶标记的免疫复合物。结合了免疫复合物的酶在遇到相应的底物时,可催化无色底物生成有色底物,通过比色计就可以准确测定植株是否带病毒。

它的优点是灵敏度高、测定快速,每次可以同时测定多个样品。

(3)电镜检查法

采用电子显微镜,可直接观察样品材料中有无病毒存在,还可以进一步鉴定病毒颗粒的大小、形状和结构。这些特征相对稳定,因此电镜检查法既准确又有效,但需要一定的设备和技术。

(4)分子检测法

例如 RT-PCR(Reverse Transcription-Polymerase Chain Reation)技术是将待测样品的总 RNA 与 cDNA 合成的试剂盒进行反应,合成 cDNA,然后利用病毒 DNA 特有的序列设计引物进行 PCR 反应,即可知道在寄主中是否有病毒基因的表达。

3)脱毒苗的离体保存

脱毒苗的离体保存与繁殖一般是在实验室进行,通常每月继代一次,可以在培养基中加入生长延缓剂,如 B9(丁酰肼)和矮壮素,之后可 2 ~ 3 个月继代一次,也可放到液氮或冰箱(4 ℃)中保存。

【检测与应用】

1. 简述茎段是如何进行选材、消毒和接种的。

2. 在初代培养中,培养基的设计有什么特点?

3. 不同的外植体消毒剂在选择、消毒时间的长短上有什么特点?

4. 进行外植体消毒时,为什么在用消毒剂浸泡外植体前要用75%酒精浸泡且浸泡时间较短(一般为30 s)?

5. 影响茎尖培养的因素有哪些?

任务 5　继代培养

任务 5-1　愈伤组织的继代培养

【课前准备】

提前配制姬星美人的继代培养基 $MS+6\text{-}BA_{2.5\ mg/L}+NAA_{0.1\ mg/L}$ 并灭菌(1 mol/L HCl 溶液、1 mol/L NaOH 溶液,MS 干粉培养基,琼脂粉,蔗糖,培养瓶若干)。

75% 酒精、2% 次氯酸钠溶液、无菌水、工业酒精等。

镊子、手术刀、剪刀、酒精灯、棉球、三角瓶、火柴、无菌培养皿、无菌滤纸、超净工作台、记号笔等。

【任务步骤】

1)布置任务

提前诱导出愈伤组织(见任务 3-2);提前配制继代培养基;观看视频,自学无菌操作及注意事项。

2)任务目的

①熟练掌握无菌操作各流程,能独立进行接种。
②掌握愈伤组织继代培养的方法。
③对无菌操作时可能出现的问题能够及时处理。

3)方法步骤

(1)准备

打开超净工作台,通风,用紫外线灯照射 30 min 后通风 20 min,用 75% 酒精棉球擦拭工作台台面及其余各处,完成超净工作台消毒工作。点燃酒精灯,将灭过菌的操作工具取出放入工业酒精中浸泡,打开无菌解剖盘。将操作工具在酒精灯上灼烧后晾凉备用。

(2)母瓶的挑选及准备

选取愈伤组织生长旺盛、排列疏松、颜色淡黄(如光照培养,应为淡绿色)的培养瓶作为母瓶,将挑选出的母瓶移至超净工作台内,用 75% 酒精棉球擦拭后放置在超净工作台的左侧,保持台面整齐、干净。

(3)取材

以下操作在酒精灯火焰前完成。每次取一瓶培养物,灼烧培养瓶瓶口约 20 mm 处,用灼烧冷却后的镊子和解剖刀精心挑出颜色淡黄、疏松的愈伤组织块,取出愈伤组织放在无菌解剖盘中。每个培养皿中放约4~6块愈伤组织。将每块愈伤组织分成两三个不小于5 mm见方的小块,去除坏死的部分。为避免交叉污染,每次操作后要去掉用过的吸水纸并重新盖上培养皿的盖子。

(4)继代转接

将分割好的愈伤组织块转移到新鲜培养基上,接种方法同前。转接后在培养瓶上写明培养物、培养基、日期。

长期培养的植物组织会产生大块愈伤组织。以后每隔4周继代转接一次至新鲜的培养基上,继代培养程序与第一次继代培养所用的实验程序相同。

(5)培养

将接种好的茎尖置于25±2 ℃的温度下,每天以16 h、2 000~3 000 lx的光照条件培养。

(6)实验记录及统计

将实验记录抄录于笔记本上,注明实验开始的日期、持续期、培养物的数目、受污染的数目和所作的不同处理。在4周内,每隔一周用肉眼观察一次培养物,记录培养物的形态变化、生长状态、鲜重变化等,必要时拍照记录。

附图　姬星美人愈伤组织的继代培养

图2-24　姬星美人愈伤组织

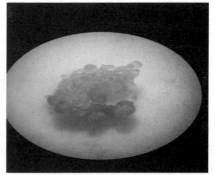
图2-25　姬星美人胚性愈伤组织

图2-26　由胚性愈伤组织发育的不定芽

图2-27　培养出的结构紧致、颜色深绿的愈伤组织

任务 5-2　梵净山石斛丛生芽的诱导及增殖

【课前准备】

配制梵净山石斛的各类型培养基(1 mol/L HCl 溶液、1 mol/L NaOH 溶液,MS 干粉培养基,琼脂粉,蔗糖,培养瓶),分装到 340 mL 的培养瓶中,经高压灭菌锅灭菌。

75% 酒精、2% 次氯酸钠溶液、无菌水等,镊子、手术刀、剪刀、酒精灯、棉球、三角瓶、火柴、无菌培养皿、无菌滤纸、超净工作台、记号笔。

丛生芽诱导培养基:$1/2MS+KT_{0.2\,mg/L}+NAA_{0.2\,mg/L}+6\text{-}BA_{0.3\,mg/L}$

丛生芽增殖培养基:$MS+6\text{-}BA_{2.0\,mg/L}+NAA_{0.2\,mg/L}+$香蕉$_{100\,g/L}+$活性炭$_{0.5\,g/L}$

【任务步骤】

1)布置任务

提前获得梵净山石斛无菌苗数瓶并增殖,旨在获得大量无菌苗;提前配制培养基,分装到 340 mL 的培养瓶中;观看视频,自学无菌操作及注意事项。

2)任务目的

①熟练掌握无菌操作的各流程,能独立进行接种。
②掌握丛生芽继代培养的方法。
③对无菌操作时可能出现的问题能够及时处理。

3)方法步骤

(1)准备

打开超净工作台,通风,用紫外线灯照射 30 min 后通风 20 min,用 75% 酒精棉球擦拭工作台台面及其余各处,完成超净工作台消毒工作。点燃酒精灯,将灭过菌的操作工具取出并放入工业酒精中浸泡,打开无菌解剖盘。将操作工具在酒精灯上灼烧后晾凉备用。

(2)母瓶的挑选及准备

选取丛生芽生长茂盛、芽体分化明显的母瓶,将挑选出的母瓶移至超净工作台上,用 75% 酒精棉球擦拭后放置在超净工作台的左侧,保持台面整齐、干净。

(3)取材

以下操作在酒精灯火焰前完成。每次取一瓶培养物,灼烧培养瓶瓶口,用灼烧冷却后的镊子和解剖刀取出丛生芽株丛,放在无菌解剖盘中。去除株丛底部质地紧密及颜色较深的部分,露出新鲜的组织。对株丛进行切割,以 3~5 株为一丛。为避免交叉污染,每次操作后要更换使用过的接种盘和灼烧过的接种工具。

(4) 继代转接

将切割后的株丛转移到新鲜培养基上，插入或贴近培养基，让新鲜的切口接触培养基，以便从培养基中吸收营养，每瓶培养基接种 3～4 丛。丛生芽接种完成后迅速灼烧瓶口及瓶盖，然后盖好盖子。转接后在培养瓶上写明培养物、培养基、日期。以后每隔一个月，将丛生芽重新转接到新的培养基上。

(5) 培养

将接种好的茎尖置于 25±2 ℃的温度下，每天以 16 h、2 000～3 000 lx 的光照条件培养。

(6) 清理工作台

实验完成后，清理工作台并切断电源。清理实验室，尤其是实验垃圾要及时清理出去，以免污染接种室的环境。

(7) 实验记录

将实验记录抄录于笔记本上，注明实验开始的日期、持续期、培养物的数目、受污染的数目和所作的不同处理。在 4 周内，每隔一周用肉眼观察培养物，记录培养物的形态变化、生长状态、鲜重变化等，必要时拍照记录。

【知识点】继代培养

1) 继代增殖方式

外植体分化和生长方式不同，继代培养中培养物的增殖方式也各不相同。主要的增殖方式如下。

(1) 多节茎段增殖

这是将顶芽或腋芽萌发伸长形成的多节茎段嫩枝剪成带 1～2 枚叶片的单芽或多芽茎段，接种到继代培养基上进行培养的方法。该方法培养过程简单、适用范围广，移栽容易成活、遗传性状稳定。茎段明显的植物种类可用此种方式增殖。

(2) 丛生芽增殖

这是将顶芽或腋芽萌发形成的丛生芽分割成单芽，接种到继代培养基上进行培养的方法。该方法不经过愈伤组织的再生，是最能使无性系后代保持原品种特性的一种增殖方式，而且成苗速度快、繁殖量大，适合于大规模的商业化生产。

(3) 不定芽增殖

这是将能再生不定芽的器官或愈伤组织块分割，接种到继代培养基上进行培养的方法。不定芽形成的数量与腋芽无关，其增殖率高于丛生芽增殖方式。但是通过这种方式再生的植株的遗传稳定性较差，而且随着继代次数的增加，愈伤组织再生植株的能力会下降，甚至完全消失。

(4) 原球茎增殖

将原球茎切割成小块，也可以给予针刺等损伤，或在液体培养基中振荡培养，以加快其增殖进程。

(5) 胚状体增殖

该方法是通过体细胞胚的发生来进行无性系的大量繁殖。其具有极大的潜力，特点是成苗

数量多、速度快、结构完整,因而是增殖系数最大的一种方式。但胚状体发生和发育情况复杂,通过胚状体途径繁殖的植物种类远没有丛生芽和不定芽增殖涉及的广泛。

植物的增殖方式不是固定不变的,有的植物可以通过多种方式进行无性扩繁。生产中具体应用哪一种方式进行增殖,主要根据它们的增殖系数、增殖周期、增殖后芽的稳定性及是否适宜生产操作等因素而定。

2)影响继代增殖的因素

(1)植物材料

不同种类的植物、同种植物的不同品种、同一植物的不同器官和不同部位,其继代繁殖能力各不相同。继代增殖能力比较如下:草本植物>木本植物;被子植物>裸子植物;年幼材料>老年材料;刚分离组织>已继代组织;胚>营养组织;芽>胚状体>愈伤组织。以腋芽或不定芽增殖继代的植物,在培养许多代之后仍然保持着旺盛的增殖能力,一般较少出现再生能力丧失的情况。

(2)培养基

在规模化生产中,培养的植物品种一般比较多,而且来源比较复杂,品种间的差异表现非常明显。培养基的配制和使用,一定要多样化,否则会造成一些品种因为生长调节剂浓度过高或过低而严重影响繁殖和生长。另外,对于同一品种,适当调整培养基中生长调节剂的浓度也是非常重要的,其主要是为了保证种苗的质量,同时可以维持一定的繁殖系数。

一些植物在开始继代培养时要加入生长调节剂,经过几次继代后,加入少量或不加生长调节剂其也可以生长。

(3)培养条件

培养温度应大致与该植物在原产地生长所需的最适温度相似,喜冷凉的植物以 20 ℃ 左右较好,热带植物需 30 ℃ 左右。

(4)继代周期

对一些生长速度快或者繁殖系数高的种类如满天星、非洲紫罗兰等,继代时间比较短,一般不超过 15 天。对生长速度比较慢的种类如非洲菊、红掌等,继代时间要长一些,30 ~ 40 天继代 1 次。

继代时间不是一成不变的,要根据培养目的、环境条件及所使用的培养基配方考虑。在前期扩繁阶段,为了加快繁殖速度,在苗刚分化时就切割继代培养,而无须待苗长到很大时才进行继代培养。后期在保持一定繁殖基数的前提下进行定量生产时,为了有更多的大苗用于生根,可以间隔较长的时间进行继代培养,达到既维持一定的繁殖量又提高组培苗质量的目的。

(5)继代次数

继代次数对繁殖率的影响因培养材料而异。有些植物如葡萄等,长期继代可保持原来的再生能力和增殖率。有些植物则随继代次数增加而增加变异频率,如继代 5 次的香蕉不定芽变异频率为 2.14%,继代 10 次后为 4.2%,因此香蕉组培苗继代培养不能超过 1 年。还有一些植物长期继代培养后会逐渐衰退,丧失形态发生能力,具体表现为生长不良,再生能力和增殖率下降等。

【检测与应用】

1. 继代培养时愈伤组织块切成多大比较合适？为什么？
2. 胚性愈伤组织的外观有什么特点？应该选择什么样的愈伤组织进行继代培养？

任务6　月季花药的离体培养

【课前准备】

配制月季花药培养基 N6+NAA$_{0.1\,mg/L}$+6-BA$_{0.5\,mg/L}$（1 mol/L HCl 溶液、1 mol/L NaOH 溶液，MS 干粉培养基,琼脂粉,蔗糖,培养瓶若干）,分装到 340 mL 的培养瓶中,经高压灭菌锅灭菌。

75%酒精、2%次氯酸钠溶液、醋酸洋红、无菌水等。

镊子、解剖刀、剪刀、酒精灯、棉球、三角瓶、火柴、无菌接种盘、无菌滤纸、超净工作台、移液管、培养瓶、纱布、塑料袋、冰箱、显微镜、载玻片、盖玻片,各种灭菌、接种、培养用具和器皿等,记号笔。

对不同时期的月季花蕾进行花粉镜检,采集单核期花粉的花蕾数朵。

【任务步骤】

1)布置任务

了解花药离体培养的相关知识如影响花药培养的因素,了解花药培养的目的,预习花药离体培养的操作技术及注意事项。

2)任务目的

①熟练掌握花药离体培养的无菌操作各流程,能独立进行操作。
②掌握花蕾消毒的具体方法。
③对花药离体培养过程中可能出现的问题能够及时处理。
④获得愈伤组织,并对愈伤组织进行分化培养,最终获得单倍体植株。

3)方法步骤

(1)镜检确定花粉发育期
培养前先采集处于适宜时期的花蕾,利用醋酸洋红压片法进行镜检,确定花粉发育期。
(2)材料预处理
采集花粉发育处于单核中期至晚期的新鲜花蕾,用湿纱布包好放入塑料袋,置于冰箱中 3~5 ℃下预处理 3~5 天,可提高胚状体的诱导率。
(3)培养基制备
以 N6 为基本培养基,通过查阅文献资料和了解不同激素对植物花药培养的诱导作用,配制月季花药愈伤组织培养基 N6+NAA$_{0.1\text{ mg/L}}$+6-BA$_{2.0\text{ mg/L}}$（聂园军等,2020 年）、分化培养基 MS+ NAA$_{0.1\text{ mg/L}}$+6-BA$_{0.5\text{ mg/L}}$（吴绛云,1981 年）。

（4）花药消毒及接种

将花蕾用自来水及蒸馏水冲洗干净后,在无菌条件下用 75% 酒精浸泡 10 ~ 20 s,无菌水清洗 3 次,再用 0.1% 升汞溶液灭菌 8 ~ 15 min,无菌水冲洗 3 ~ 5 遍,然后置于无菌滤纸上吸干水分。小心地剥开花蕾取出花药,将花丝去除,接种到愈伤组织培养基上。注意不要破坏花药,其如遇损伤,会增加二倍体的概率。每瓶培养瓶接种 8 ~ 10 个花药,操作熟练后每瓶可接种 30 ~ 50 个花药。

（5）初代培养

先将培养瓶置于暗处培养 5 ~ 7 天,再转入光照下培养,光照强度为 1 500 ~ 2 000 lx,每天光照 14 h,温度 25 ~ 28 ℃,以诱导形成胚状体或愈伤组织。

（6）诱导分化及再生

当愈伤组织长到 2 ~ 3 mm 时,及时将其转入分化培养基上进行植株的分化培养,诱导再生植株。花药培养过程如图 2-28 所示。

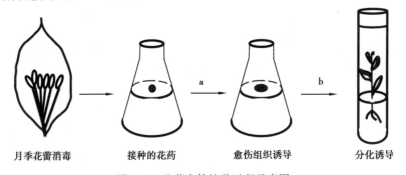

月季花蕾消毒　　　接种的花药　　　愈伤组织诱导　　　分化诱导

图 2-28　花药离体培养过程示意图

（7）清理工作台

实验完成后,清理工作台并切断电源。清理实验室,尤其是实验垃圾要及时清理出去,以免污染接种室的环境。

（8）观察与记录

定时观察并记录愈伤组织的诱导情况,统计愈伤组织诱导率,并比较分析两种诱导培养基对花药培养的影响。观察并记录愈伤组织的分化状态,统计分化率。公式分别为:

诱导率=已诱导的外植体数/接种的外植体总量×100%

分化率=已分化的愈伤组织的块数/接种的愈伤组织的总量×100%

附图　月季花药离体培养

图 2-29　月季花药培养 60 天后的愈伤组织　　　　　图 2-30　月季组培苗

【知识点】花药离体培养

花药离体培养是用植物组织培养技术把发育到一定阶段的花药,通过无菌操作技术接种在人工培养基上,以改变花药内花粉粒的发育程序,诱导其分化并连续进行有丝分裂,形成细胞团,进而形成一团无分化的薄壁组织——愈伤组织,或分化成胚状体,随后使愈伤组织分化成完整的植株。

花药离体培养是植物育种的一种有效方法。花粉细胞的染色体数目仅为花粉母细胞或体细胞染色体数目的一半,其诱导而成的为单倍体植物。通过这一途径获得单倍体后再使之加倍,就能得到大量无分离的纯合二倍体,从而实现对杂种后代的早期选择,缩短育种年限。在单倍体细胞中只有 1 个染色体组,表现型和基因型一致,一旦发生突变,无论是显性还是隐性,均可在当代表现,从而为准确研究性状遗传规律和杂种优势的利用打下基础。因此单倍体是体细胞遗传研究和突变育种的理想材料。同时,有的植物进行花药离体培养还能有效脱除母株所带病毒,获得无病毒苗。

花药离体培养与花粉离体培养有较大差异。从概念来看,花药离体培养是把花粉发育到一定阶段的花药接种到培养基上,来改变花药内花粉粒的发育程序,使其分裂形成细胞团,进而分化成胚状体,形成愈伤组织,由愈伤组织再分化成植株。花粉离体培养是把花粉从花药中分离出来,以单个花粉粒作为外植体进行离体培养的技术,由于花粉已是单倍体细胞,诱发它经愈伤组织或胚状体发育而成的植株都是单倍体,且不受花药的药隔、花药壁、花丝等的体细胞的干扰。从培养层次来看,花药离体培养属器官培养,花粉离体培养属细胞培养,但花药离体培养和花粉离体培养的目的一样,都是诱导花粉细胞发育成单倍体细胞,最后发育成单倍体植株。从培养过程来看,花药离体培养相对较容易,技术比较成熟,但最后需要对培养成的植株进行染色体倍数检测;花粉离体培养尽管不受药壁、药隔等的二倍体细胞的干扰,但这种特殊单倍体细胞

的培养技术难度较大,目前只在少数植物上获得成功。

【检测与应用】

1.请简述花粉发育的过程及各阶段的特点。

2.为什么要采集花粉发育处于单核中期至晚期的新鲜花蕾作为实验材料?

3.花药离体培养属于器官培养,花粉离体培养属于细胞培养,诱导出的小植株应该属于几倍体? 为什么?

4.为什么花粉离体培养比花药离体培养困难?

任务 7　梵净山石斛生根诱导

【课前准备】

提前配制梵净山石斛的壮苗培养基、生根诱导培养基[1 mol/L HCl 溶液、1 mol/L NaOH 溶液,MS 干粉培养基,琼脂粉,蔗糖,培养瓶(规格为 340 mL)若干],经高压灭菌锅灭菌。

75% 酒精、2% 次氯酸钠溶液、无菌水等。

镊子、手术刀、剪刀、酒精灯、棉球、三角瓶、火柴、无菌接种盘、无菌滤纸、超净工作台、记号笔。

壮苗培养基:MS

生根诱导培养基:$1/2MS+NAA_{0.5\ mg/L}+10\%$ 土豆泥$+$蔗糖$_{20.0\ g/L}+$活性炭$_{2.0\ g/L}$(余水生等,2018年)

【任务步骤】

1)布置任务

提前诱导出梵净山石斛组培无根苗,并进行壮苗培养(见任务 5-2)。提前 3 天配制生根诱导培养基,灭菌备用。复习无菌操作视频及注意事项。

2)任务目的

①熟练掌握无菌操作各流程,能独立进行接种。
②掌握生根诱导培养基的原理及配制方法。
③获得梵净山石斛生根组培苗。

3)方法步骤

(1)壮苗培养
将组培苗提前接种至 MS 干粉培养基上,培养 20 ~ 30 天,让其生长健壮。
(2)准备生根诱导培养基
配制生根诱导培养基 $1/2MS+NAA_{0.5\ mg/L}+10\%$ 土豆泥$+$蔗糖$_{20.0\ g/L}+$活性炭$_{2.0\ g/L}$,高压灭菌后冷却备用。
(3)实验前准备
将接种需用的消毒剂、接种用具、酒精灯、烧杯、无菌水、无菌培养皿、培养基等置于超净工作台的接种台面;打开超净工作台的电源开关,打开鼓风开关(调节送风量),并打开紫外线灯消毒 30 min,之后关掉紫外线灯,继续送风 20 min,打开照明开关,准备接种。

进行无菌操作前,将双手用75%酒精棉球擦拭消毒,剪刀、镊子等金属工具用酒精灯外焰灼烧灭菌后置于支架上冷却备用。将无菌接种盘置于超净工作台上,用镊子将接种盘取出,置于操作人员的正前方。

(4)接种

在酒精灯火焰处打开外植体材料瓶,将植物材料用无菌镊子取出并置于无菌滤纸上。一手持镊子,一手持剪刀,将植物材料按照要求切割。切割时,应尽可能使单株上的茎、叶保持完整,切去原来的根或基部。依照形态学上端向上、下端向下的原则,将材料插入生根诱导培养基中,每瓶培养瓶中可适当多接材料,分布要均匀。同时宜将大小较一致的材料接种于同一瓶中,以便移栽时每瓶中的材料大小一致。

(5)填写标签

将接好的培养瓶暂时放在超净工作台上,材料接完后一块取出培养瓶。在标签上写上编号、日期、班级、学号,将培养瓶放于培养室中进行培养。

(6)培养

将接种好的茎尖置于25±2 ℃的温度下,每天以16 h、2 000～3 000 lx的光照条件培养。

(7)清理工作台

接种结束后,关闭和清理超净工作台,并清洗用过的玻璃器皿等。将实验垃圾及时清理出去,以免污染接种室的空气。

(8)观察和记录

一般7～15天,组培苗基部会长出白色的肉质根,不定根长1～2 cm时是最佳的移栽时间,过长容易折断。培养15天后,以不定根长度≥0.5 cm为有效生根标准,每株生根数≥3为有效生根苗,生根率的计算公式为:

生根率＝有效生根苗数/接种的组培苗数×100%

【知识点】培养基的设计

1）初代（诱导）、继代（增殖）培养基的设计

初代培养是指接种某种外植体后最初的几代培养。初代培养旨在获得无菌材料和无性繁殖系。初代培养时,常用诱导或分化培养基,也叫启动培养基,即培养基中含有较多的细胞分裂素和少量的生长素,以让成熟细胞脱分化,恢复分生能力。初学者可根据文献资料中相同或相近的培养基配方,结合实验设计原则进行设计,通过实验结果分析,筛选出最适合的培养基。

继代培养所需的生长调节剂水平一般低于启动培养基。一些植物经长期继代培养,在开始继代培养中需要加入生长调节剂,经过几次继代后,加入少量或不加生长调节剂也可以生长,我们要根据不同的目的设计不同的培养基配方。也有的可以直接用诱导培养基进行继代增殖。

TDZ对于愈伤组织的诱导有显著作用,常常在愈伤组织诱导时添加,在愈伤组织的启动过程中比其他生长素类物质活性高几倍至十倍。说明愈伤组织的诱导培养基和增殖培养基不同。部分植物诱导培养基与增殖培养基比较见表2-10。

表 2-10　部分植物诱导培养基与增殖培养基比较

植物名称及外植体类型	诱导目的	诱导培养基	增殖培养基
早开堇菜叶柄	不定芽	MS+6-BA$_{2.0\,mg/L}$+NAA$_{0.1\,mg/L}$	MS+6-BA$_{1.5\,mg/L}$+NAA$_{0.075\,mg/L}$
欧洲百合鳞片	愈伤组织	MS+TDZ$_{0.2\,mg/L}$+NAA$_{0.5\,mg/L}$	MS+6-BA$_{0.5\,mg/L}$+NAA$_{0.1\,mg/L}$
白鹤芋	胚性愈伤组织	MS+TDZ$_{0.5mg/L}$+2,4-D$_{1.0\,mg/L}$	MS+TDZ$_{0.5\,mg/L}$+2,4-D$_{1.0\,mg/L}$（液体）
"海沃德"猕猴桃叶片	不定芽	MS+6-BA$_{3.0\,mg/L}$+NAA$_{0.1\,mg/L}$	MS+6-BA$_{3.0\,mg/L}$+NAA$_{0.2\,mg/L}$+GA$_{3\,0.1\,mg/L}$
秀丽野海棠叶片	愈伤组织	MS+6-BA$_{1.0\,mg/L}$+2,4-D$_{0.3\,mg/L}$	MS+6-BA$_{1.0\,mg/L}$+2,4-D$_{0.3\,mg/L}$
秀丽野海棠叶片	不定芽	MS+6-BA$_{1.0\,mg/L}$+2,4-D$_{0.3\,mg/L}$	MS+6-BA$_{1.0\,mg/L}$+IBA$_{0.3\,mg/L}$
金钻蔓绿绒根茎	愈伤组织及其分化	MS+6-BA$_{1.0\,mg/L}$+IBA$_{0.2\,mg/L}$	—
金钻蔓绿绒根茎	不定芽	MS+6-BA$_{1.0\,mg/L}$+NAA$_{0.1\,mg/L}$	MS+6-BA$_{1.0\,mg/L}$+NAA$_{0.1\,mg/L}$
滇龙胆茎段	愈伤组织及其分化	MS+6-BA$_{1.5\,mg/L}$+NAA$_{1.5\,mg/L}$+KT$_{0.05\,mg/L}$	—
铁线莲（Blekitny Aniol）的带芽茎段	愈伤组织分化	1/2MS+6-BA$_{1.0\,mg/L}$+NAA$_{0.05\,mg/L}$	1/2MS+6-BA$_{3.0\,mg/L}$+NAA$_{0.1\,mg/L}$
多肉植物"丽娜莲"（Echeveria lilacina kimnach & Moran）肉质叶片	愈伤组织及丛芽分化	MS+2,4-D$_{0.2\,mg/L}$+6-BA$_{0.6\,mg/L}$+NAA$_{0.2\,mg/L}$	MS+6-BA$_{3.0\,mg/L}$+KT$_{0.2\,mg/L}$+NAA$_{0.1\,mg/L}$
唐古特瑞香	愈伤组织分化丛芽	MS+ZT$_{2.0\,mg/L}$+TDZ$_{0.1\,mg/L}$+NAA$_{0.5\,mg/L}$	MS+6-BA$_{2.0\,mg/L}$+IBA$_{0.3\,mg/L}$
西藏虎头兰种子	原球茎	1/2 MS+6-BA$_{1.0\,mg/L}$+NAA$_{0.5\,mg/L}$	1/2 MS+NAA$_{2.0\,mg/L}$

2）生根培养基的设计

（1）无机盐的浓度

一般而言，培养基中无机盐的浓度低利于根系的发生，因而在生根培养基中常用的基本培养基为1/2MS或1/4MS，木本植物则采用1/2WPM或1/3WPM。将培养基中的大量元素和微量成分降低一半浓度，可提高大多数植物的生根能力，这可能是因为培养基中的盐浓度会影响渗透压，从而影响营养吸收和向培养基中释放物质，所以少量的营养更有利于植物生根与适应环境。

（2）生长调节剂的选择

采用一定浓度的IAA、NAA和IBA有利于根的诱导。IAA对植物生长和形态建成有着广泛的影响，已知IAA的一个非常重要的生理功能就是促进不定根的形成。徐继忠等（1989年）认为，IBA对生根的作用是通过内源IAA来实现的；朱青松等（1999年）在普通烟草髓愈伤组织的培养过程中发现，外源NAA能促进内源IAA的合成，从而有利于根的形成。

在许多植物种类的组织培养中，较低浓度的细胞分裂素和较高浓度的生长素组合可以产生最佳的生根结果，根的发生需要建立一种最佳的内源生长素——细胞分裂素平衡。

有的植物生根时仅使用一种生长调节物质，生根效果就很好，如李金蓉等（2015年）对大樱桃"明珠"的研究发现，浓度为0.5 mg/L的NAA的生根效果好于其他浓度NAA的处理和IBA的处理。

不少研究表明，多胺与试管苗生根诱导有关，有些植物需要多胺促进生根，鲁吉尼（Rugini）（1993年）认为外源腐胺可促进榛子树插条生根。在无生长素培养基中添加腐胺和有利于腐胺积累的精氨酸合成酶抑制剂CHA能使40%的插条生根。费弗尔-朗庞（Faivre-Rampant）等（2000年）指出，在无生长素培养基中添加多胺能促进普通烟草组培苗不定根发生，但是对生长素不敏感的突变体rac对多胺不敏感，原因是突变体细胞中游离和结合的多胺积累以及合成酶活性增加受阻，野生型则相反。

赤霉素类在多种情况下对生根不利，而ABA是赤霉素类天然的拮抗剂，在许多赤霉素类对生根不利的培养中，添加ABA常对生根有促进作用，ABA促进生根的效应被认为是拮抗赤霉素抑制生根的效果。ABA还具有诱导种子贮藏蛋白的合成、促进不定根的形成、促进同化物质的输入、诱导植物体细胞胚的发生和发育等作用。如李胜等（2005年）在研究葡萄品种"皇家秋天""藤稔"时发现，在根系启动阶段需要的ABA少或ABA不利于根系启动，而在根伸长生长阶段则需要一定量的ABA或ABA有利于根的伸长生长。但在实际中生根培养基内很少添加ABA作为促进生根的条件。

（3）蔗糖浓度

不同的蔗糖浓度影响根系的发育，李明军（1997年）在怀山药试管繁殖中发现，3%～9%的蔗糖均能诱导生根，在6%时根粗而发达。试管苗生根过程中体内糖的种类和数量也发生了变化，克罗默（Kromer）等（2000年）在苹果砧木M7无菌苗茎段生根过程中观察到葡萄糖、果糖、山梨醇、肌醇升高，生根诱导期前10天可溶性糖水平升高，与茎基部细胞分裂旺盛一致，并发现果糖含量与生根能力密切相关。在根原基分化和根伸长期，可溶性糖恢复到原有的水平。同时也观察到根原基形成时可溶性蛋白质和酯类化合物含量略有升高。所以，一定浓度的蔗糖或其他糖类可以促进组培苗生根。

（4）琼脂

琼脂在离体生根中充当支持物,琼脂浓度在 0% ~0.9%,常用浓度为 0.4% ~0.8%。降低琼脂浓度有利于植物体对营养物质的吸收,但会增加培养基中的水分蒸发;琼脂浓度过低、培养基含水量增加则会引起叶片或幼苗的玻璃化现象。

（5）其他

①活性炭。

活性炭可提供暗培养环境,提高生根率。其原因是:活性炭能增加天冬氨酸、赖氨酸、脯氨酸等游离氨基酸的含量,促进细胞的脱分化;此外,可以抑制生长素的光氧化作用,提高生长素的含量和活性。组培苗根系有避光生长的特性,使用活性炭后创造了利于根系生长的黑暗条件,故能促进根系生长。活性炭可提供暗环境,降低光照,为培养基中光敏性生长素的积累提供合适的环境。原因是根顶端能产生 IAA,有利于根的生长,但 IAA 易因受光氧化而被破坏,因此活性炭正是通过减弱光照保护了 IAA,从而间接促进了根的生长。

活性炭可防止外植体褐变,有利生根。褐变现象主要由 PPO 作用于天然底物酚类物质引起的。PPO 是植物体中普遍存在的一种末端氧化酶,它可以催化酚类物质形成醌类物质,醌类物质再经非酶促聚合形成红棕色物质,逐渐扩散到培养基中,对外植体产生毒害。许多科学工作者对不同植物组织培养中的褐变现象进行研究时,都发现外植体的褐变与酚类物质及 PPO 的活性密切相关。活性炭是一种较强的吸附剂,它可以吸附培养物分泌到培养基中的酚类、醌类等有害物质,从而有效地减轻褐变,有利于生根,在组织培养中经常使用。

活性炭可提高培养物体内可溶性蛋白和总糖的含量,可促进培养物体内蛋白质和糖类的生物合成,其机理可能是活性炭促进根的形成与生长,产生了较强的吸收水分和无机盐等营养物质的能力,为蛋白质和糖类的生物合成提供丰富的原料。

一般认为活性炭是通过吸附生根过程中的毒害次生代谢物而发生作用的,并为根的生长和形成提供了有利的暗环境。

余晓丽等（2007 年）在野生黄蔷薇离体生根培养基中加入 0.2% 活性炭,有效地解除了褐化现象,生根效果较好。吴广宇等（2005 年）在大叶黄杨试管苗生根培养基中加入 0.5% 活性炭,生根率达 95%。若不加活性炭,产生的根易变褐色。李琳等（2005 年）发现在库拉索芦荟的生根培养基中加入 0.2% 和 0.4% 的活性炭,外植体容易生根,不加活性炭的培养基的外植体基部易褐化,基本不生根。周新华等（2016 年）对多花黄精的组培苗生根过程研究发现,浓度为 0.20 g/L 的活性炭有利于提高多花黄精组培苗的生根质量。

同时,活性炭也能较强地吸附植物生长调节剂等有利物质。在液体或固体培养基中,活性炭对高质量浓度的 IAA、NAA 及 BA、KT 等也有吸附作用,不利于生根。王港等（2006 年）发现在试验范围内 IAA、KT 和 2,4-D 这 3 种激素的被吸附量均与活性炭用量呈线性相关。高质量浓度的 BA 对根的诱导与生长产生抑制作用,活性炭的加入可以完全逆转这种抑制作用。活性炭也吸附其他有利于生根的物质如维生素 B_1、烟酸、维生素 B_6、叶酸、螯合型离子等,对生根产生不利影响。因而,在生根培养基中是否添加活性炭,取决于是否必要。

②小麦面粉+香蕉汁。

徐玲等（2016 年）在铁皮石斛生根壮苗的过程中发现,添加小麦面粉与香蕉汁的组合效果最好,形成的组培苗根多苗壮,有利于炼苗移栽。小麦面粉中含有丰富的淀粉,其添加后能促进铁皮石斛的组织培养效率,但其成分复杂,能显著促进组培苗生长的活性成分还没有研究清楚,

有待进一步深入研究。

③pH 值。

有关 pH 值对生根影响的研究报道较少,一般认为培养基 pH 值过高或过低都不利于植物生根,以 5.8 最为适宜。

各种植物的生根培养基见表 2-11。

表 2-11　各种植物的生根培养基

植物名称	生根培养基
铁皮石斛	$MS+NAA_{0.5\ mg/L}+6\text{-}BA_{0.5\ mg/L}+活性炭_{1\ g/L}$
霍山石斛	$MS+20\%香蕉泥$
白芨	$1/2MS+NAA_{0.8\ mg/L}+6\text{-}BA_{0.2\ mg/L}+马铃薯_{100\ g/L}$
西藏大花红景天	$1/2MS+IBA_{0.5\ mg/L}+NAA_{0.1\ mg/L}$
橡胶草	$1/2MS+NAA_{0.2\ mg/L}$
非洲菊	$1/2MS+NAA_{0.1\ mg/L}+IBA_{0.4\ mg/L}$
多花黄精	$1/2MS+NAA_{1.0\ mg/L}+活性炭_{0.2\ g/L}$
滇龙胆	$1/2MS+6\text{-}BA_{0.1\ mg/L}+NAA_{2.0\ mg/L}$
早开堇菜	$1/2MS+6\text{-}BA_{1.0\ mg/L}$
无花丹参	$1/2MS+IBA_{0.5\ mg/L}$
铁线莲(Blekitny Aniol)	$1/2MS+NAA_{0.05\ mg/L}$
金钻蔓绿绒	$1/2MS+NAA_{0.5\ mg/L}$
罗汉果	$1/2MS+NAA_{0.5\ mg/L}+活性炭_{0.5\ g/L}$
木薯	$1/2MS+NAA_{0.02\ mg/L}+PP333_{0.05\ mg/L}$
蓝莓"都克"	$1/2WPM+IBA_{0.3\sim0.5\ mg/L}+香蕉泥_{80\ mg/L}(暗培养)$
唐古特瑞香	$1/2MS+NAA_{0.5\ mg/L}$

【检测与应用】

1. 一般生根诱导培养基的基本培养基均采用 1/2 ~ 1/4MS,为什么?

2. 生根诱导前为什么要进行壮苗培养?

3. 组培苗在生根诱导培养基内培养一定时间后,根系会变长且为褐色,这时的生根苗适不适合移栽?为什么?

任务8 梵净山石斛苗的炼苗移栽及管理

【课前准备】

梵净山石斛组培生根苗、已灭菌的基质、穴盘(72穴)、喷壶、温室或塑料大棚。

0.1%多菌灵、0.1%高锰酸钾、无菌水、苔藓基质、基质(含珍珠岩、刨花、椰糠、木炭)、复合肥料、KH_2PO_3、1/4MS溶液(不含糖及琼脂粉)。

【任务步骤】

1)布置任务

用0.1%高锰酸钾溶液消毒基质;提前诱导出梵净山石斛生根苗,通过试管苗的炼苗移栽获得再生植株。

2)任务目的

①掌握试管苗的驯化移栽方法,主要掌握试管苗的炼苗方法和试管苗移栽时疏导组织的保护措施。

②熟悉试管苗移栽后的栽培措施和栽培条件控制。

③获得梵净山石斛再生植株。

3)方法步骤

(1)开盖炼苗

待试管苗在生根培养基上诱导出3条及以上白色肉质根、根系长到1~2 cm时,将培养瓶置于组培室窗台上闭瓶炼苗1周以上,逐步去掉盖子,在组培室或者温室内开瓶炼苗3~5天,注意观察,瓶内的培养基不能太干,若其失水过多,可适当补充蒸馏水。

(2)清洗消毒

从瓶中取出小苗,用无菌水洗净根部的培养基。用0.1%多菌灵溶液浸泡小苗基部8 min,晾干后移栽。

(3)移栽

用苔藓包裹石斛小苗基部,露出根基,定植于穴盘(72穴)中。移栽时用手指或小棍在基质上挖2~3 cm深的小洞,轻轻把石斛根部放入小洞,注意不要弄断石斛的肉质根,然后用基质盖好。穴盘中的基质选用珍珠岩+刨花+椰糠+木炭(2∶6∶3∶2),定期观察,向托盘和穴盘中添水,保持苔藓湿润。每天用喷壶对苗的叶面喷雾,随后将苗置于温室或弱光、阴凉通风的荫棚内,保持空气湿度在80%~90%。

（4）移栽后管理

1周后开始淋水，以后每隔5~7天淋水1次，每隔10天用0.1%多菌灵可湿性粉剂喷施叶片以预防病害。移栽20天后逐渐增加光照强度，但不可直接将苗暴露于强光下，夏季温度高时，棚内应通风散热，并以喷雾的形式降温；冬季气温低时，棚四周应密封好，以免苗受到冻害。待植株恢复生长，每10天进行1次根外追肥，恢复生长后采用1/4MS培养基，生长旺盛后采用KH_2PO_3进行叶面追肥，根部施用养分≥45%的复混肥料。

（5）观察统计

移栽90天后统计再生植株的成活率及发病情况，以有新芽长出为成活标准。成活率计算公式为：

再生植株成活率=成活植株数/移栽总株数×100%

【知识点】试管苗移栽

离体繁殖的试管苗能否大量应用于生产，特别是木本植物、名贵花卉能不能取得好的效益，取决于最后一关，即试管苗能否有高移栽成活率。试管苗移栽过程复杂，在未掌握有关理论和技术时，若盲目移栽，势必造成其高死亡率，导致前功尽弃。

1）试管苗移栽后易死亡的原因

试管苗一般在高湿、弱光、恒温下异养培养，出瓶后极易失水而萎蔫死亡。从形态解剖和生理功能两方面分析其原因如下。

（1）形态解剖方面

①根。

a.无根。

一些植物，特别是木本植物，在试管繁殖中能不断生长、增殖，但不生根，因而无法移栽，不能用于生产。

b.根与输导系统不相通。

许多组培苗的根系是从愈伤组织上产生的，与茎叶维管束不相通，需将芽切下转移到生根培养基上再长根，根才与茎的维管束相通，移栽才能成活；根与新枝连接处发育不完善，导致根枝之间水分运输效率低。

c.根无根毛或根毛很少。

有些植物种类的试管苗形成的根上没有根毛或根毛很少，这类试管苗的移栽远比能够形成根毛的种类难。

②叶。

在高湿、弱光和异养条件下分化和生长的叶，叶表保护组织不发达或无，易失水萎蔫。可能有以下几种原因。

a.叶表角质层、蜡质层不发达或无。

需经过一定时间的驯化炼苗，才能产生棒状蜡粒，形成叶表保护组织。而温室苗叶片角质层加厚快于试管苗。

b. 叶表皮无毛或极少。

某些试管苗叶表皮无毛或极少,或者存在球形有柄毛和多细胞黏液毛,保湿、反光性均差,故易失水。

c. 叶解剖结构稀疏。

某些种类的组培苗存在叶栅栏细胞厚度小、叶组织间隙明显、上下表皮细胞长度差异不显著等问题(曹孜义等,1990 年;马宝焜等,1991 年)。未经强光闭瓶炼苗的试管苗,茎的维管束被髓线分割成不连续状,导管少,茎表皮排列松散、无角质、厚角组织也少。经强光炼苗的茎,维管束发育良好,角质和厚角组织增多,自身保护作用增强。

试管苗叶组织间隙大、栅栏组织薄、易失水,加之茎的输导系统发育不完善,供水不足,易造成试管苗萎蔫,干枯死亡。

d. 叶气孔突起,气孔口开张大。

扫描电镜结果显示,试管苗叶气孔突起,气孔保卫细胞变圆;而温室苗气孔则下陷,保卫细胞为椭圆。

e. 叶片存在排水孔。

试管苗叶片在长期饱和湿度下形成排水孔和假性水孔,一旦移至低温下极易失水干枯。

由上可以看出,在形态解剖方面试管苗无根系或根系不发达;无根毛或根毛很少;叶表无保护组织或不发达,且细胞间隙大、气孔开口大,故试管苗移栽后极易失水干枯。

(2)生理功能方面

①根无吸收功能或吸收功能极低。

试管苗移栽前在 Hoagland 溶液中培养一个月,可显著提高移栽成活率,认为液体培养可恢复根的吸收功能。

②试管苗叶片无保护组织。

试管苗叶片无保护组织,加之细胞间隙大、气孔开张大,移于低湿环境中失水极快。

③试管苗气孔不能关闭,开口过大。

离体繁殖和生长的小植株,与在温室和大田生长的小植株相比,气孔结构明显不同。其气孔保卫细胞较圆,呈现突起。观察的各类植物的试管苗的气孔均是开放的,这种开放的气孔用低温、黑暗、高浓度 CO_2、ABA、甘露醇等诱导气孔关闭的因素处理均无效,且气孔开张很大。曹孜义等(1993 年)提出,试管苗气孔不能关闭的原因是气孔过度开放,气孔口横径的宽度过大,超过了两个保卫细胞膨压变化的范围,因而不能关闭。这种过度开放的气孔要经逐步炼苗后降低了开张度,才能诱导关闭。

④光合能力弱。

试管苗生长在含糖培养基中,光照和气体交换受到限制,因此其光合能力很弱。试管苗叶片气孔阻力小,蒸腾速率高,叶绿素含量低,弱光下净光合速率呈现负值;而经过炼苗的沙培苗和温室营养袋苗的气孔阻力逐渐增强,蒸腾速率下降,叶绿素含量增加,净光合能力增强。试管苗叶片类似于阴处生长的植物,栅栏细胞稀少而小,细胞间隙大,影响叶肉细胞中 CO_2 的吸收和固定。又因试管苗叶片气孔存在反常功能,一直开放,导致叶片脱水而对光合器官造成持久的伤害。在含糖培养基中,糖对植物卡尔文碳素循环呈现反馈抑制,加之 CO_2 不足,叶绿体类囊体膜上存在过剩电子流,造成光抑制和光氧化,致使光合作用极弱。根据试管植物光合能力的大小,将试管苗分为两类,一类是在加糖培养基中不能进行有效光合作用的,如草莓和花椰

菜,另一类是能积极进行光合作用并自养的,如天竺葵。

如试管苗的光合能力低,则是由于培养基中加有蔗糖,小苗体内吸收蔗糖后无机磷含量大幅度下降,减少了无机磷的循环,使 RuBP 羧化酶呈不活化状态,无力固定 CO_2 或极少固定 CO_2。同时,由于蔗糖的刺激,试管苗的呼吸速率加快,呼吸作用又大于光合作用,因此降低培养基中蔗糖含量,试管苗的光合作用效率会提高。但关于组织培养中蔗糖浓度高低与光合作用能力强弱的关系仍存在争论,试验结果和结论存在不一致。

2)提高试管苗移栽成活率的措施

(1)培育试管苗壮苗

不同植物组培苗是经过不同程序、不同培养基、不同继代次数及不同发生方式而来的,对健壮苗的要求是根与茎的维管束联通,根系不是从愈伤组织中间发生,而是从茎的木质部发生的。此外,不仅要求植株根系粗壮,还要求有较多的须根,以扩大根系的吸收面积,增强根系的吸收功能,提高苗的移栽成活率。根系的长度以其不在培养容器内绕弯为好,根尖的颜色应为细胞分裂旺盛的黄白色。在生根培养时,切下的嫩茎长度以 2 ~ 3 cm 为宜。茎部粗壮、生命力强的生根幼苗移栽后成活率高,而丛生状的、细弱的组培苗生根移栽后,由于茎部细弱,失水快、极易萎蔫,成活率大大降低。为了防止试管苗徒长,变高、变细,可以在培养基中加入 B9、矮壮素、多效唑等植物生长调节剂来提高试管苗的品质,进而提高试管苗移栽的成活率。

(2)移栽时间的选择

通常在幼苗长出几条短的白根后出瓶种植,如果根系过长,则瓶内培养时间会延长,幼苗成活率也不高。也可以在幼苗茎部伤口愈合、长出根原基而幼根未长出时即出瓶种植,这种方法不会损伤根系,可缩短瓶内培养时间,移栽速度快、成活率高。

(3)试管外生根或嫁接

对于一些难生根的植物,可以选择无根嫩枝扦插技术。先在瓶内诱导根原基,取出后移入疏松透气的基质中,通过人工控制光照、温度(地面温度高于气温)、喷雾以提高空气湿度,使植株形成具有吸收功能的根系。对于扦插也难生根的植物,可将其组培苗进行试管外嫁接,利用砧木的良好根系克服生根难的问题。

(4)移栽容器及基质的选择

通常用穴盘移栽来进行组培苗的过渡,根据幼苗的大小选择不同的穴盘。穴盘移栽的优点在于每株幼苗处于一个相对独立的空间,一旦发生病害,不会快速蔓延引起其他植株的死亡。基质通常采用珍珠岩、蛭石、炉渣、河沙、草炭、锯末等,基质的选择原则是疏松透气、具有一定的保水保肥能力、容易灭菌处理、不利于杂菌滋生。此外小苗移栽基质除考虑物理结构外,还要考虑 pH 值,对于某些喜酸性植物,应相应地调整栽培基质的 pH 值,提高移栽成活率。

(5)组培苗的养护管理

①温度和光照。

在组培苗种植的过程中温度要适宜,对于喜高温的植物如南方观叶植物,应以 25 ℃左右为宜;对于喜凉爽的植物如菊花、文竹等,以 18 ~ 20 ℃为宜。如果温度过高,会使细菌滋生,蒸腾作用加强,不利于组培苗快速缓苗;如果温度过低,则组培苗生长减弱或停滞,使缓苗期加长且成活率降低。

新移栽的组培苗先期需要遮阳,然后逐步增加光照,应以散射光为主,将不同植物种类的组

培苗控制在不同的光照范围内。光线过强会使叶绿素受到破坏,叶片失绿、发黄或发白,使小苗成活延缓;光线过强还会使植株蒸腾作用加强,使水分平衡矛盾更加尖锐。

②水分和湿度。

在培养瓶中的小苗,因湿度大,茎叶表面防止水分散失的角质层等几乎全无,根系也不发达或无根,种植后很难保持水分平衡。对于某些对湿度要求严格的植物,如山茶、矮牵牛等,移栽幼苗后,若相对湿度低于90%,小苗即卷叶萎蔫,如不及时提高湿度,小苗将很快死亡。要保持高湿度就必须经常浇水,这又会使根部积水、透气不良而造成根系死亡。所以只有提高周围的空气湿度,降低基质中的水分含量,使叶面蒸腾减少,尽量接近培养瓶中的条件,才能维持水分平衡,使小苗正常生长。

③药剂的使用。

组培苗从无菌异养生长转入温度高、湿度小的自养环境中,由于组织幼嫩,易滋生杂菌造成苗霉烂或根茎处腐烂,导致苗死亡。因此可在组培苗的整个生长期,每间隔 7～10 天喷 1 次杀菌剂如多菌灵、百菌清、甲基托布津等预防腐烂,用 0.1% 多菌灵洗根并在种植后用它来灌根,以清除杂菌对首次移栽幼苗的危害。

组培苗移栽初期,可施些稀薄的肥水。视苗大小,肥水浓度逐渐由 0.1% 提高到 0.3% 左右,也可用 1/2MS 的水溶液作追肥,加快组培苗的生长与成活。

【检测与应用】

1. 试管苗为什么不能直接移栽至大田?
2. 试管苗移栽难以成活的原因主要有哪些?
3. 简述提高试管苗移栽成活率的技术和措施。

参考文献

[1] Faivre-Rampant O, Kevers C, Dommes J, Gaspar T. The recalcitrance to rooting of micropropagated shoots of the rac tobacco mutant: Implications of polyamines and of the polyamine metabolism[J]. Plant Physiol Biochem, 2000,38(6):441-448.

[2] Hansen O B, Potter J R. Rooting of apple, rhododendron, and mountain laurel cuttings from stock plants etiolated under two temperatures[J]. HortScience, 1997, 32(2): 304-306.

[3] Kromer K, Gamian A. Analysis of soluble carbohydrates, Proteins and lipids in shoots of M 7 apple rootstock cultured in vitro during regeneration of adventitious roots[J]. J Plant Physiol, 2000, 156(5~6):775-782.

[4] 蔡祝南,杨莉莉,彭超美,等.切花菊病毒脱毒及脱毒苗的检测[J].植物病理学报,1992,22(01):34.

[5] 曾宋君,陈之林,吴坤林,等.兜兰无菌播种和组织培养研究进展[J].园艺学报,2007,34(03):793-796.

[6] 曾文丹,陆柳英,谢向誉,等.木薯体细胞胚发生及植株再生研究[J].基因组学与应用生物学,2015,34(07):1522-1526.

［7］ 曾余力,王旭锋,林新春,等.白纹阴阳竹试管快繁技术研究［J］.西南林学院学报,2010,30(03):38-41.

［8］ 车生泉,盛月英,秦文英.光质对小苍兰茎尖试管培养的影响［J］.园艺学报,1997,24(03):269-273.

［9］ 陈菲,沈光,曲彦婷,等.不同植物生长调节剂对橡胶草组培苗不定芽分化和生根的影响［J］.北方园艺,2017(19):95-98.

［10］ 陈延惠,陈海燕,李东伟,等.不同植物生长调节物质配比及有机添加物对泰山红石榴外植体生长分化的影响［J］.河南农业大学学报,2006,40(02):152-155.

［11］ 董玲.安徽省花卉产业走向初探［J］.安徽农业科学,1996(S2):9-10.

［12］ 董玲,陈静娴,廖华俊,等.水芹组织培养与快繁［J］.植物生理学通讯,2003,39(03):235.

［13］ 郭洪波,于晓丹,陈丽静,等.铁皮石斛茎节离体培养的研究［J］.时珍国医国药,2007,18(11):2659-2660.

［14］ 何松林,孔德政,杨秋生,等.碳源和有机添加物对文心兰原球茎增殖的影响［J］.河南农业大学学报,2003,37(02):154-157.

［15］ 洪霓,王国平,张尊平,等.梨病毒脱除技术研究［J］.中国果树,1995(04):5-7,24.

［16］ 洪震,朱乐杰,傅晓强,等.秀丽野海棠叶片不定芽高频再生体系的建立［J］.植物生理学报,2015,51(02):241-245.

［17］ 黄鑫,张彦妮.铁线莲"Blekitny Aniol"组织培养及再生体系建立［J］.草业科学,2018,35(03):542-550.

［18］ 季元祖,雷颖,李晓玲,等.唐古特瑞香愈伤组织培养与再生体系建立［J］.西北林学院学报,2018,33(06):94-99.

［19］ 简令成,孙德兰,孙龙华.甘蔗愈伤组织超低温保存中一些因素的研究［J］.Journal of Integrative Plant Biology,1987,29(02):123-131,232.

［20］ 孔凡龙,贾玉芳,柴明良,等.春兰离体根状茎生长和分化的研究［J］.核农学报,2009,23(02):253-256,273.

［21］ 李佳,王斯彤,周强,等.胡桃楸组培过程中茎段褐化机理初步分析［J］.分子植物育种,2021,19(24):8239-8244.

［22］ 李金蓉,丁遥,姜利建,等.MS和生长素浓度对大樱桃"明珠"组培苗生根的影响［J］.延边大学农学学报,2015,37(02):123-126.

［23］ 李俊强,林利华,张帆,等.早开堇菜组织培养及植株再生体系的建立［J］.草业学报,2015,24(11):163-173.

［24］ 李琳,钟昌松,周香,等.活性炭在库拉索芦荟(Aloe vera)的组织培养中的应用［J］.西南农业学报,2005,18(01):105-107.

［25］ 李明军,杨建伟,张嘉宝.怀山药的茎段培养和快速繁殖［J］.植物生理学通讯,1997(04):275-276.

［26］ 李胜,杨德龙,李唯,等.植物试管苗离体生根的研究进展［J］.甘肃农业大学学报,2003(04):373-384.

［27］ 李胜,杨德龙,王新宇,等.葡萄试管苗生根与体内金属离子含量变化［J］.植物生理学通讯,2005,41(06):831-832.

[28] 李唯,曹孜义.继代培养十年后玉米单倍性胚性细胞系的倍性和再生[J].甘肃农业大学学报,1990,25(01):78-85.

[29] 李小军,刘石泉,路群,等.香蕉提取物对霍山石斛原球茎增殖的影响[J].上海师范大学学报(自然科学版),2004,33(04):74-77.

[30] 李长兰.中药煮沸熏蒸在感染科病房空气消毒效果观察[J].中医药临床杂志,2012,24(07):677-679.

[31] 刘亮,易自力,蒋建雄,等.蝴蝶兰组织培养及诱变育种的研究进展[J].安徽农业科学,2007,35(27):8451-8452.

[32] 刘明志,朱京育.培养基、BA和复合添加物对大花蕙兰增殖和分化的影响[J].暨南大学学报(自然科学与医学版),2000(03):100-105.

[33] 刘淑兰,韩碧文.核桃愈伤组织的诱导[J].植物生理学通讯,1984(04):38.

[34] 刘文萍,于世选,韩玉琴,等.唐菖蒲组织培养脱除病毒研究[J].北方园艺,1992(06):41-42.

[35] 刘晓燕,向青云,刘玲玲,等.基本培养基及附加物对蝴蝶兰原球茎增殖效果的影响[J].种子,2005(06):18-20,26.

[36] 鲁雪华,徐立晖,郭文杰,等.卡特丽亚兰的组织培养[J].江西农业大学学报(自然科学),2004(02):242-245.

[37] 马生健,覃金芳,曾富华.有机添加物对卡特兰组织培养的影响[J].中国农学通报,2010,26(01):32-35.

[38] 倪德祥,张丕方,陈刚,等.光质对锦葵愈伤组织生长和发根的效应[J].上海农业学报,1985(03):39-46.

[39] 聂园军,冯丽云,张春芬,等.苹果花药培养不定胚形成的细胞学观察[J].果树学报,2020,37(03):322-329.

[40] 钱长根,汪霞,朱造杰,等.草莓根尖脱毒组培及无病毒苗繁育技术研究[J].安徽农学通报,2017,23(17):52-53.

[41] 饶慧云,邵祖超,柳海宁,等.抗褐化剂对葡萄愈伤组织继代培养过程中酚类物质、相关酶及其基因表达的影响[J].植物生理学报,2015,51(08):1322-1330.

[42] 任桂萍,王小菁,朱根发.不同光质的LED对蝴蝶兰组织培养增殖及生根的影响[J].植物学报,2016,51(01):81-88.

[43] 申雯靖,赵欢,张盛圣,等.金钻蔓绿绒愈伤组织诱导及再生体系的建立[J].分子植物育种,2017,15(11):4573-4577.

[44] 苏江,岑忠用,奉艳兰,等.抗坏血酸对岩黄连愈伤组织褐化及抗氧化酶活性的影响[J].北方园艺,2015(20):138-142.

[45] 王蓓,陆妙康,于善谦,等.香石竹斑驳病毒三种脱毒方法比较[J].病毒学报,1990(04):341-346.

[46] 王冬云,汪建亚,蔡桁,等.蝴蝶兰组培不定芽增殖条件的优化[J].华中农业大学学报,2007(06):856-858.

[47] 王港,杨秀平,李周岐.活性炭对组织培养中几种植物激素的吸附作用[J].林业科技开发,2006(06):26-27.

［48］王仁睿,李明福,李桂芬,等.菊花品种"日本红"的脱毒和组织培养[J].植物生理学通讯,2009,45(08):797-798.

［49］魏韩英,孟金玲,王芬,等.植物生长调节物质及有机添加物对春兰根状茎增殖与分化的影响[J].东北林业大学学报,2010,38(12):40-42.

［50］吴广宇,杨玲玲.大叶黄杨带腋芽茎段组织培养研究[J].安徽农业科学,2005(05):815-817.

［51］吴绛云.苹果花药培养获得单倍体植株[J].园艺学报,1981(04):36-78.

［52］吴顺,张琴,詹乐洋,等.无花丹参的脱毒培养及植株再生[J].中药材,2015,38(03):451-453.

［53］吴秀华,张艳玲,周月,等."海沃德"猕猴桃叶片高频直接再生体系的建立[J].植物生理学报,2013,49(08):759-763.

［54］吴雪莲,王文华,邱诚,等.植物激素对西藏大花红景天组培苗生根诱导的影响[J].西藏农业科技,2012,34(02):12-15.

［55］席银凯,王元忠,黄衡宇,等.滇龙胆丛芽高效诱导与植株再生体系的建立[J].中草药,2018,49(06):1398-1404.

［56］谢丽霞.试管苗的玻璃化现象及其预防措施[J].垦殖与稻作,2005(03):11-12.

［57］谢寅峰,徐丽,王莹.霍山石斛组培丛生芽诱导增殖及生根技术[J].林业科技开发,2007(06):72-74.

［58］谢寅峰,徐丽,张志敏,等.几种有机添加物对霍山石斛试管苗生理特性的影响[J].西北林学院学报,2011,26(01):77-81,118.

［59］徐继忠,陈四维.桃硬枝插条内源激素(ABA、IAA)含量变化对生根的影响[J].园艺学报,1989(04):275-278.

［60］徐玲,陈自宏,杨晓娜,等.不同有机附加物对铁皮石斛原球茎增殖和组培苗生根壮苗的影响[J].云南农业大学学报(自然科学),2016,30(02):250-256.

［61］许奕,宋顺,王安邦,等.不同培养基对铁皮石斛壮苗生根的影响及移栽条件优化[J].江苏农业科学,2015,43(08):247-249.

［62］姚绍嫦,潘丽梅,白隆华,等.正交试验优选罗汉果组培苗生根壮苗生产工艺[J].种子,2014,33(05):118-120.

［63］于波,刘金梅,刘晓荣,等.白鹤芋胚性细胞悬浮培养和高效植株再生体系的建立[J].园艺学报,2015,42(04):721-730.

［64］余磊磊,周京龙,高中南,等.野生白芨再生体系的建立及抗性筛选[J].江苏农业科学,2017,45(01):43-46.

［65］余水生,付双彬,郑英茂,等.梵净山石斛无菌播种及快繁技术[J].浙江农业科学,2018,59(08):1334-1336,1346.

［66］余晓丽,王世茹,褚学英.野生黄蔷薇离体培养再生体系的建立[J].江苏农业科学,2007(03):117-118.

［67］袁芳,宋凯杰,蔡熙彤,等.西藏虎头兰高效植株再生体系的研究[J].广西植物,2019,39(04):482-489.

［68］詹小平,邓小微,沈丽珍.三种中药熏蒸法对重症监护病房空气消毒效果比较[J].中国消

毒学杂志,2009,26(02):168-169.

[69] 张春梅,闫芳,陈修斌,等.不同培养基、培养条件和基质对非洲菊组培苗生根及幼苗生长的影响[J].北京联合大学学报,2018,32(04):81-87.

[70] 张俊琦,罗晓芳.牡丹组织培养中褐化的发生原因与防止方法的研究[J].沈阳农业大学学报,2006(05):720-724.

[71] 张凯,刘明群,赵建华,等.蓝莓品种都克组培苗瓶内生根培养研究[J].中国果树,2015(01):49-51.

[72] 张旭红,王頔,梁振旭,等.欧洲百合愈伤组织诱导及植株再生体系的建立[J].植物学报,2018,53(06):840-847.

[73] 张尊平,董雅凤,范旭东,等.葡萄病毒及类似病害指示植物鉴定初报[J].中外葡萄与葡萄酒,2010(01):22-24.

[74] 赵欢,刘克林,郑高言,等.多肉植物"丽娜莲"Echeveria lilacina kimnach & Moran 再生体系的建立[J].分子植物育种,2018,16(18):6061-6067.

[75] 赵祝成,陈燕贤.中国水仙脱毒种苗培育研究取得重大突破[J].中国花卉园艺,2003(13):33.

[76] 周丽艳,郭振清,秦子禹,等.白玉兰组织培养中的褐化控制[J].河北科技师范学院学报,2008,22(04):19-22.

[77] 周新华,桂尚上,肖智勇,等.温度和光照对多花黄精种子萌发的影响[J].南方林业科学,2016,44(06):1-4,26.

[78] 朱青松,梅康凤,王沙生.外源生长素对烟草髓愈伤组织分化和内源 IAA 含量的影响[J].北京林业大学学报,1999,22(01):22-25.

[79] 邹娜,徐楠,曹光球,等.福建山樱花试管苗生根条件的优化[J].江西农业学报,2008,20(04):26-29.

第3部分 技能应用

任务9 梵净山野百合鳞茎愈伤组织的诱导及植株再生

任务 9-1 培养基的配制及灭菌（母液法）

【课前准备】

1 mol/L HCl 溶液、1 mol/L NaOH 溶液、MS 各母液、琼脂粉、蔗糖、培养瓶（规格为 340 mL）若干、蒸馏水若干。

【任务步骤】

1）布置任务

配制愈伤组织诱导及分化培养基 LC（MS+TDZ$_{0.2\,mg/L}$+NAA$_{0.5\,mg/L}$）（张旭红等，2018 年）、丛生芽诱导培养基 LB（MS+6-BA$_{1.0\,mg/L}$+NAA$_{0.03\,mg/L}$）（李雪艳等，2016 年）、愈伤组织继代增殖培养基 LS（MS+6-BA$_{0.5\,mg/L}$+NAA$_{0.03\,mg/L}$）（李雪艳等，2016 年）、生根诱导培养基 LR（1/2MS+NAA$_{0.2\,mg/L}$+活性炭$_{1.0\,g/L}$）（张璐等，2019 年）各 1 L。将它们分别分装到规格为 340 mL 的培养瓶中，每瓶装培养基约 30 mL，并经高压灭菌锅灭菌后冷却备用。

愈伤组织诱导及分化培养基 LC：MS+TDZ$_{0.2\,mg/L}$+NAA$_{0.5\,mg/L}$

丛生芽诱导培养基 LB：MS+6-BA$_{1.0\,mg/L}$+NAA$_{0.03\,mg/L}$

愈伤组织继代增殖培养基 LS：MS+6-BA$_{0.5\,mg/L}$+NAA$_{0.03\,mg/L}$

壮苗培养基：MS

生根诱导培养基 LR：1/2MS+NAA$_{0.2\,mg/L}$+活性炭$_{1.0\,g/L}$

2）任务目的

①熟练应用母液法配制培养基。
②熟悉高压灭菌锅的使用方法。
③理解生长调节剂在不同诱导培养基中的作用。
④学会不同培养基的配制方法。

3）方法步骤

（1）定配方

确定培养基配方，各配方的配制体积为 1 L。

（2）计算

分别计算配制各配方培养基 1 L 需要取各种母液的量（母液倍数同任务2-1）和生长调节剂的量。

各母液倍数分别为 20、100、100、100 倍，根据物质的量浓度在稀释前后相等的原则计算，计算结果见表3-1。计算公式如下：

应取母液量＝体积/倍数

表 3-1　母液用量

母液代号	成分	母液倍数	1 L 培养基应取母液量/mL
MS Ⅰ	大量元素	20	50
MS Ⅱ	微量元素	100	10
MS Ⅲ	铁盐	100	10
MS Ⅳ	有机物	100	10

各生长调节剂母液的浓度为 100 mg/L，根据物质的量浓度在稀释前后相等的原则计算，计算结果见表3-2。计算公式如下：

应取生长调节剂母液量＝体积/（母液浓度/目标培养基生长调节剂浓度）

表 3-2　生长调节剂用量

编号	培养基配方	体积/L	TDZ 取用量/mL	6-BA 取用量/mL	NAA 取用量/mL	活性炭取用量/g
LC	MS+TDZ$_{0.2\,mg/L}$+NAA$_{0.5\,mg/L}$	1	2	0	5	0
LB	MS+6-BA$_{1.0\,mg/L}$+NAA$_{0.03\,mg/L}$	1	0	10	0.3	0
LS	MS+6-BA$_{0.5\,mg/L}$+NAA$_{0.03\,mg/L}$	1	0	5	0.3	0
LR	1/2MS+NAA$_{0.2\,mg/L}$+活性炭$_{1.0\,g/L}$	1	0	0	2	1

注：蔗糖含量除 LR 用 15 g/L 外，其余培养基采用 30 g/L；琼脂含量用 6.5 g/L。1/2MS 培养基中仅大量元素减半，其他物质含量与 MS 培养基相同。

（3）量取母液

用烧杯量取所配培养基总体积的 1/2 左右体积的蒸馏水，例如，配 1 000 mL 培养基，先量取约 500 mL 体积的水。根据培养基配方，通过计算，用量筒量取表 3-1 中各母液的量至烧杯中，称取蔗糖及其他除琼脂以外的药品，并溶解至烧杯中。

（4）定容

将烧杯中的各母液倒入容量瓶，烧杯应用蒸馏水洗 3 次以上，并用蒸馏水定容到 1 L。

（5）熬煮

将定容好的溶液倒入培养基煮锅，加入琼脂粉，开中低火熬煮，此时应注意搅拌，以免琼脂或蔗糖沉淀于烧杯底而炭化。加热至沸腾片刻，以使琼脂充分溶解，检查时可注意烧杯内溶液是否透明。

（6）调节培养基的 pH 值

用 pH 试纸测定，分别用 1 mol/L NaOH 溶液、1 mol/L HCl 溶液来调节所配制培养基的 pH 值，一般培养基的 pH 值约为 5.8，培养的材料不同，对培养基的 pH 值要求也不同。

（7）分装

将配制好的培养基分别装在事先洗净的培养瓶里，然后加盖盖好，贴标签。注意检查瓶盖上的滤膜是否完好。

（8）灭菌

在温度 121 ℃、压强 0.11 MPa 下持续灭菌 20 min。灭菌完成、待压强降为零后才能打开高压灭菌锅，取出灭菌好的培养基，冷却。

（9）培养基的保存

消毒过的培养基置于接种室或培养室中保存，两周内用完。

注意：因为培养基的保存时间不宜过久，而培养时间较长，建议分次进行培养基的配制。

任务 9-2　梵净山野百合外植体的选择和消毒及初代培养

【课前准备】

新鲜外植体（野百合鳞茎）。

接种室消毒（来苏尔溶液）。

75% 酒精、棉球、2% 次氯酸钠、酒精灯。

器具搁架、接种工具、无菌瓶、废液缸、无菌接种盘（含无菌滤纸）、灭菌并冷却的培养基（LC、LB）、无菌水、打火机、记号笔。

超净工作台提前 1 h 消毒后通风半小时。

愈伤组织诱导及分化培养基 LC：$MS+TDZ_{0.2\,mg/L}+NAA_{0.5\,mg/L}$

丛生芽诱导培养基 LB：$MS+6\text{-}BA_{1.0\,mg/L}+NAA_{0.03\,mg/L}$

【任务步骤】

1）布置任务

选择健壮、无病虫害、个体中等的野百合鳞茎,选取其中部鳞片,经过一定浓度的消毒剂消毒后得到无菌外植体,接种到诱导培养基上完成初代培养,获得无菌的愈伤组织或不定芽。

2）任务目的

①学会鳞茎类植物外植体消毒的方法和步骤。
②掌握无菌操作的基本方法。

3）方法步骤

（1）外植体准备

取健壮、无虫害的野百合鳞茎,清洗表面的杂质,将鳞茎中部的鳞片保留,其他的舍去,先用中性洗涤剂清洗鳞片,再用自来水冲洗 2 h 以上,滤纸吸干表面水分后备用。

（2）接种前准备

提前对无菌操作室进行消毒,用紫外线灯照射 30 min,同时开启超净工作台无菌风开关,紫外线灯关闭约 20 min 后方可进入无菌操作室工作,地面用低浓度的来苏尔溶液消毒。用 75% 酒精棉球擦净双手和工作台,并晾干。接种前先点燃酒精灯,镊子和剪刀都要先浸泡在 75% 酒精中。提前将需要接种的培养基用酒精棉球擦洗,摆放在工作台上。

（3）外植体消毒

将清洗干净的鳞茎转入超净工作台上的无菌空瓶里,用 75% 酒精浸没 30 s,无菌水冲洗 3 ~ 4 次,再用有效氯含量为 2% 的次氯酸钠溶液浸泡 10 ~ 15 min,用无菌水冲洗 3 ~ 4 次,放入无菌接种盘中,其上事先铺好无菌滤纸。

（4）接种

用在酒精灯上灼烧并冷却后的镊子、剪刀取出一个鳞片,将鳞片横切或纵切后,迅速打开培养瓶瓶口,将材料接种到 LC 或 LB 培养基上,让伤口接触培养基或直接插入培养基中。在酒精灯火焰旁盖上盖子,完成接种操作。用记号笔在瓶体上写明接种日期、材料及培养基编号等信息。

（5）培养

将接种好的植物材料置于 25±2 ℃ 的培养室内培养,不定芽的诱导培养需要光照(13 h/d),愈伤组织的诱导无须光照,暗培养即可。3 ~ 7 天后统计污染情况并记录。

（6）观察记录

不定期进行观察,有情况随时记录并拍照。30 天后统计不定芽和愈伤组织的诱导情况并记录。

不定芽诱导率=诱导出的不定芽数量/接种的外植体总数×100%

愈伤组织诱导率(出愈率)=诱导出愈伤组织的外植体数量/接种的外植体总数×100%

任务 9-3　梵净山野百合愈伤组织的继代培养

【课前准备】

从培养 4～6 周的外植体上长出的愈伤组织。

75% 酒精、棉球、酒精灯、器具搁架、接种工具、无菌接种盘(含无菌滤纸)、灭菌并冷却的培养基(LS)、无菌水、打火机、记号笔;超净工作台提前 1 小时消毒后通风半小时。

愈伤组织继代增殖培养基 LS:MS+6-BA$_{0.5\ mg/L}$+NAA$_{0.03\ mg/L}$

【任务步骤】

1) 布置任务

提前配制 1 L 愈伤组织继代增殖培养基 LS(MS+6-BA$_{0.5\ mg/L}$+NAA$_{0.03\ mg/L}$),分装到 30 瓶规格为 340 mL 的培养瓶中,每瓶装培养基约 30 mL。

将任务 9-2 中诱导出的愈伤组织转接到继代增殖培养基 LS 上。

2) 任务目的

①熟练应用野百合愈伤组织继代培养的方法,并能用这种方法对愈伤组织进行增殖培养。
②理解器官发生的原理和途径。

3) 方法步骤

(1)实验室准备

将接种需用的消毒剂、接种用具、酒精灯、烧杯、无菌水、无菌接种盘、培养基等置于超净工作台的接种台面;打开超净工作台的电源开关,打开鼓风开关(调节送风量),并打开紫外线灯消毒 30 min,之后关掉紫外线灯,继续送风 20 min,打开日光灯开关,准备接种。

(2)愈伤组织的切割

在无菌操作室内的超净工作台,取培养瓶,将培养瓶瓶口置于酒精灯火焰上灼烧,用灼烧冷却后的镊子和解剖刀取出愈伤组织块放在无菌接种盘中。每个接种盘中约放 4～6 个愈伤组织块。把每块愈伤组织分成几个不小于 0.5 cm、不大于 1 cm 见方的小块。通常,外植体下面向着中心的细胞常呈坏死状,不适宜作继代培养,需将这些坏死的部分与正常的部分分离并弃去。无菌接种盘要经常更换,避免出现交叉污染。

(3)继代转接

将切好的愈伤组织块转接到新鲜的继代增殖培养基 LS 上,每瓶接种 4～5 块,将愈伤组织块均匀地分布在培养瓶中。转接后在培养瓶上写明培养物、培养基、接种日期。长期培养的野百合鳞片组织会产生大块愈伤组织,视其生长情况一般 30～60 天继代一次。

（4）培养

将接种好的材料置于25±2 ℃的培养室内培养,愈伤组织的诱导无须光照,应置于培养箱中暗培养。

（5）观察记录

3~7天后统计污染情况并记录。将实验记录抄录于笔记本上,注明实验开始的日期、持续期、培养物的数目及受污染的数目和所作的不同处理。在前四周,每周用肉眼观察培养物,记录培养物的形态变化、生长状态、鲜重变化等,必要时拍照记录。

（6）培养物鉴定

第4周后,从培养瓶中取出长势良好的培养物进行细胞学观察,观察是否有胚性愈伤组织产生,如果所诱导的愈伤组织为胚性愈伤组织,4~6周后愈伤组织上会有小芽发生。

任务9-4　梵净山野百合组培苗的生根诱导

【课前准备】

野百合无菌苗。

配制野百合的壮苗培养基、生根培养基[1 mol/L HCl 溶液、1 mol/L NaOH 溶液、MS 干粉培养基、琼脂粉、蔗糖、培养瓶(规格为340 mL)若干]。

75%酒精、2%次氯酸钠溶液、无菌水等。

镊子、手术刀、剪刀、酒精灯、棉球、三角瓶、火柴、无菌接种盘、无菌滤纸、超净工作台、记号笔。

壮苗培养基:MS

生根诱导培养基 LR:$1/2MS+NAA_{0.2 \text{ mg/L}}+$活性炭$_{1.0 \text{ g/L}}$

【任务步骤】

1)布置任务

提前诱导出野百合无根苗,并进行壮苗培养,提前配制1 L生根诱导培养基。复习无菌操作视频及注意事项。

2)任务目的

①熟练掌握无菌操作的各流程,能独立进行接种。
②掌握生根诱导培养基的原理及配制方法。
③获得野百合生根组培苗。

3）方法步骤

（1）壮苗培养

①准备壮苗培养基。

提前配制壮苗培养基 MS 并灭菌、冷却待用。

②实验室准备。

将接种需用的消毒剂、接种工具、酒精灯、烧杯、无菌水、无菌接种盘、培养基等置于超净工作台的接种台面；打开超净工作台的电源开关，打开鼓风开关（调节送风量），并打开紫外线灯消毒 30 min，之后关闭紫外线灯，继续送风 20 min，打开日光灯开关，准备接种。

③操作前准备。

进行无菌操作前，双手用 75% 酒精棉球擦拭消毒。将无菌接种盘、接种工具置于超净工作台，无菌接种盘置于操作人员的正前方。将接种工具浸泡在工业酒精中，用酒精灯外焰灼烧灭菌后置于支架上冷却备用。将挑选出的野百合苗母瓶用 75% 酒精棉球擦拭后置于超净工作台左侧。

④切分植物材料。

在酒精灯火焰旁打开外植体母瓶，将野百合无根苗用灭菌的镊子取出置于无菌接种盘上。一手持镊子，一手持剪刀，将诱导出来的小鳞茎的叶片全部切除，对小鳞茎丛进行切分，让小鳞茎完整地剥离，注意不要伤及鳞片。

⑤接种。

将切分好的小鳞茎分别接种到壮苗培养基上，每瓶接种 5 ~ 10 个小鳞茎，分布要均匀。同时宜将直径大小较一致的材料接种于一瓶中，以便其生长整齐，利于后期的生根处理。

⑥培养。

将接好的培养瓶暂时放在超净工作台上，待材料接完后一块取出。在标签上写上培养基编号、接种日期、接种人，置于温度 25 ± 2 ℃、光照时间 16 h/d 的培养室培养。

⑦整理工作台。

接种结束后，关闭电源并清理超净工作台，将接种室的垃圾及时清理出去，清洗用过的器具等。

⑧观察统计。

培养 20 天后观察野百合无根苗是否健壮、是否适合生根诱导。

（2）生根诱导

①准备生根培养基。

提前配制生根培养基并灭菌、冷却待用，培养基为生根诱导培养基 $LR : 1/2MS + NAA_{0.2 \, mg/L} + 活性炭_{1.0 \, g/L}$。

②实验室准备。

将接种需用的消毒剂、接种工具、酒精灯、烧杯、无菌水、无菌接种盘、培养基等置于超净工作台的接种台面；打开超净工作台的电源开关，打开鼓风开关并调节送风量，打开紫外线灯消毒 30 min，之后关闭紫外线灯，继续送风 20 min，打开照明开关，准备接种。

③操作前准备。

进行无菌操作前，双手用 75% 酒精棉球擦拭消毒。将接种盘、接种工具置于超净工作台台

面,无菌接种盘置于操作人员的正前方;接种工具浸泡在工业酒精中,用酒精灯外焰灼烧灭菌后置于支架上冷却备用。

④植物材料准备。

在酒精灯火焰旁打开培养母瓶,将经壮苗培养的梵净山野百合小鳞茎用灭菌的镊子取出,置于无菌接种盘上。一手持镊子,一手持剪刀,对野百合小鳞茎进行处理,切去小苗基部原有组织,露出新鲜组织,切除部分叶片。

⑤接种。

将处理好的小鳞茎接种于生根诱导培养基中,每瓶接种 5 个小鳞茎,分布要均匀。同时宜将直径大小较一致的材料接种于同一瓶中,以便移栽时每瓶中材料大小一致,利于后期的移栽管理。

⑥培养。

将接好的培养瓶暂时放在超净工作台上,材料接完后取出所有培养瓶。在培养瓶标签上写上培养基编号、接种日期、接种人,放于培养室中进行培养。培养室温度为 25±2 ℃,光照为 16 h/d。

⑦清理。

接种结束后,关闭电源并清理超净工作台,将接种室的垃圾及时清理出去,清洗用过的器具等。

⑧观察记录。

培养 15 天后观察梵净山野百合小苗是否有白色肉质不定根发生,以不定根长度≥0.5 cm、生根数≥3 条为有效生根标准,培养 20 天后统计生根率。

生根率=有效生根苗的数量/接种苗的总数×100%

任务9-5　梵净山野百合组培苗炼苗、移栽及管理

【课前准备】

组培生根苗、已灭菌的基质、穴盘(72 穴)、0.1% 多菌灵、喷壶、温室或塑料大棚。

【任务步骤】

1)布置任务

用0.1%高锰酸钾溶液给基质消毒;提前诱导出百合生根苗,通过试管苗的炼苗、移栽获得再生植株。

2)任务目的

①掌握试管苗的驯化移栽方法,主要掌握试管苗的炼苗方法和试管苗移栽时疏导组织的保护措施。

②熟悉试管苗移栽后的栽培措施和栽培条件的控制。
③获得梵净山野百合再生植株。

3）方法步骤

（1）炼苗

选取苗高在5～7 cm、叶片在4～5片、主根系长度为4 cm左右的百合组培苗进行炼苗移栽。在培养室内逐步打开培养瓶瓶盖，置于窗台上的自然光照下炼苗一周后将培养瓶移至温室内，打开瓶盖炼苗2～3天后移栽。通过湿度由高至低、光照由弱至强、温度由恒温至存在昼夜温差的变化，使组培苗在生理、形态、组织上发生相应的改变，逐渐地适应外界的自然环境。炼苗程度应合理，应使原有叶片缓慢衰退，新叶逐渐产生。如降低湿度过快、光线增加过强，原有叶衰退过快，则会使根系萎缩，原有叶片褪绿以及灼伤、死亡或因缓苗过长而不能成活。

（2）清洗

从瓶中取出小苗，用无菌水洗净根部的培养基。用0.1%多菌灵浸泡小苗基部8 min，晾干后移栽。

（3）移栽

取出经过炼苗的组培苗定植于穴盘中，穴盘中提前准备好消过毒的栽培基质，基质为沙土+草炭+腐殖土，其比例为1∶1∶1。

（4）移栽后的管理

定植后覆盖塑料薄膜，防止水分蒸发过快，一般覆膜14天左右，注意薄膜应该与小苗保持一定距离，否则易造成烧苗，塑料薄膜每天揭开通风3次，每次半小时。直接的强光对野百合生长不利，组培苗移栽后，可用50%的遮阳网降低光照强度，以免叶片水分损失过快，造成烧叶。

定植后为防止土壤干燥，应浇足水，并使组培苗的根系与栽培基质充分结合。在野百合移栽后的生长初期，水肥是非常重要的影响因素。在夏秋季节，每天3次对叶面进行喷雾，1周后开始淋水，以后每天淋水1次，最佳的浇水时间是在早上。在冬春季节，每天1次对叶面进行喷雾，1周后开始淋水，以后每隔5～7天淋水1次。待植株恢复生长，每10天进行1次根外追肥，在生长中期可适当喷施一些KH_2PO_4等叶面肥，以确保植株对肥料的需求。14天后揭开覆盖的塑料薄膜，逐步恢复光照。

（5）观察统计

移栽90天后统计再生植株的成活率及发病情况，以有新芽长出为成活标准。

附图 野百合鳞片的组织培养

图 3-1 野百合鳞片组织培养

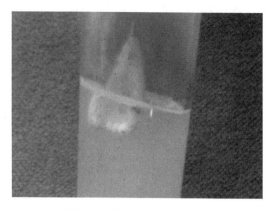

图 3-2 野百合不定芽的诱导

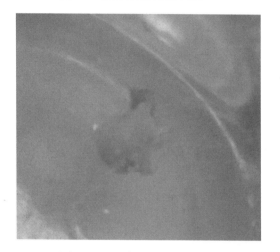

图 3-3 野百合愈伤组织诱导①

图 3-4 野百合愈伤组织诱导②

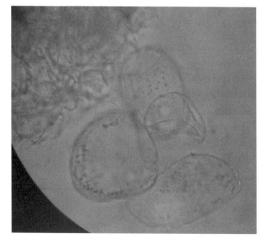

图 3-5 野百合愈伤组织薄壁细胞

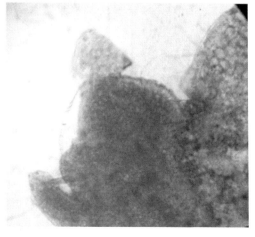

图 3-6 野百合愈伤组织诱导出的芽体的显微结构

图 3-7　野百合愈伤组织诱导出的芽

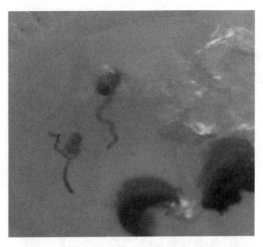

图 3-8　野百合组培苗生根

【知识点】愈伤组织

1)愈伤组织的诱导、形成及特点

(1)愈伤组织的诱导和形成

愈伤组织是在离体培养条件下,经植物细胞脱分化和不断增殖所形成的无特定结构的组织。经一段时间的生长和增殖以后,在其内部出现一定程度的分化,产生出一些具有分生组织结构的细胞团、色素细胞或管状分子。

植物外植体在培养基和外界环境的作用下,经过一个复杂的过程形成愈伤组织,即:

外植体 $\xrightarrow{培养基+外界环境}$ 愈伤组织

愈伤组织的形成一般可分为三个时期:诱导期、分裂期和分化期(图 3-9)。

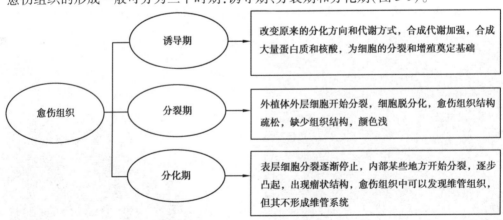

图 3-9　愈伤组织的形成及其特点

①诱导期。

愈伤组织诱导期又称启动期,是外植体细胞进行分裂准备的时期。外植体细胞受外界条件

刺激后,开始改变原来的分裂方向和代谢方式,合成代谢活动活跃,细胞核体积明显增大,细胞内大量合成蛋白质和核酸,但是从外观上看细胞无明显变化。

诱导期的长短因植物种类、外植体的生理状态和外部因素而异,即使是同一物种、不同基因型的外植体的愈伤组织,其诱导期也不同。

②分裂期。

外植体在培养基上经过离体诱导后,外植体细胞由原来的静止状态进入分裂状态,外层细胞开始发生分裂,细胞脱分化,中间部分细胞不分裂,形成了一个静止的芯,所以分裂期的细胞分裂局限在愈伤组织的外缘,这些细胞分裂快、结构疏松、缺少组织结构,颜色浅而透明。

愈伤组织进入分裂期时,外植体的脱分化因植物种类、基因型、外植体种类和生理状况不同而有很大差异。烟草、胡萝卜等脱分化很容易,而禾谷类植物则较难;器官中花脱分化较易,茎、叶较难;幼茎组织脱分化较易,而成熟的老组织较难。

进入分裂期的愈伤组织,如仍在原来的培养基上继续培养,由于营养物质枯竭、水分散失、代谢产物积累,某些愈伤组织将不可避免地发生分化,产生新的结构。需将其及时转移到新鲜的培养基上进行继代培养,愈伤组织可无限制地进行细胞分裂增殖,维持不分化的增殖状态。

③分化期(形成期)。

愈伤组织分化期也叫形成期,是指停止分裂的细胞发生生理生化代谢变化,形成由不同形态和功能的细胞组成的愈伤组织的时期。进入分化期,细胞体积不再减少,细胞分裂由原来局限在组织外缘的平周分裂转为组织内部较深层局部细胞的分裂,结果形成瘤状或片状的拟分生组织(称为分生组织结节)。此时,愈伤组织中出现瘤状结构的拟分生组织成为暂不再进一步分化的生长中心。分化的愈伤组织中有维管组织出现,但其不形成维管系统,呈分散的节状和短束状结构。该时期最明显的特征是生长着的愈伤组织细胞的平均大小突然不再变化,而保持相对稳定。

以上对愈伤组织形成时期的划分并不是严格割裂的,实际上分裂期和分化期常出现在同一块组织上。

(2)愈伤组织的保持

①愈伤组织的颜色。

外植体细胞经过诱导启动、分裂和分化等一系列变化后,形成无任何结构的愈伤组织。新鲜的愈伤组织颜色为浅黄色、白色等;老化的愈伤组织则转变为黄色乃至褐色。

②愈伤组织的保持时间。

愈伤组织在原来的培养基上保持一段时间后,培养基水分或营养物质减少,愈伤组织本身分泌的代谢产物不断积累,在代谢产物浓度达到产生毒害的水平后,愈伤组织不再生长,如继续培养,愈伤组织开始老化,直至死亡。一般情况下,愈伤组织在原来的培养基上保持2~3周后,必须转移到新鲜的培养基上进行继代培养。

继代培养的方法是将原来的愈伤组织分割成小块转移到新鲜的培养基上,用于继代培养的愈伤组织块必须达到一定的大小,一般直径或边长为0.5~1 cm,切割过小其在新鲜的培养基上难以迅速恢复分裂和生长或者生长十分缓慢,切割过大则容易老化。

值得注意的是,继代培养时愈伤组织不能硬性分割,因愈伤组织生长时有一个生长核心即分生组织结节,其一旦被破坏,愈伤组织就难以恢复分裂和生长。因此,在分割愈伤组织时要根据具体情况,顺其自然地进行分割或者用镊子捣散,当然,还应选择新鲜、健康的愈伤组织(颜

色浅、呈颗粒状突起)进行继代培养。

③愈伤组织的生长周期。

愈伤组织从原来的培养基转移到新鲜的培养基上3~7天即可恢复生长,随后2~3周其生长达到高峰,愈伤组织细胞分裂处于最活跃时期。而后愈伤组织生长缓慢下来,愈伤组织体积逐渐达到最大。因此,通常在愈伤组织生长达到高峰前进行继代培养,这时愈伤组织中的细胞处于旺盛分裂状态,继代后有利于愈伤组织的恢复生长。

④拟分生组织。

一般认为愈伤组织是无任何组织结构的细胞团,但组织解剖学的研究表明,完全由均一薄壁细胞构成的愈伤组织极少存在。愈伤组织在分裂期会出现导管细胞、筛管细胞、分泌细胞、毛状体细胞和木栓细胞等,同时会出现由小而密集分裂的细胞构成的细胞团,这些细胞团被称为拟分生组织,它们会在以后的分化中成为形成芽原基及根原基的中心,此时的愈伤组织常呈颗粒状。

(3)愈伤组织的继代时间与遗传稳定性

愈伤组织经长期继代培养会出现遗传上的不稳定性和变异性,由其诱导产生的再生植株也会发生相应变异。穆拉希格(1965年)曾经用植株"衰老"来解释他们所观察到的烟草在长期培养过程中器官发生能力逐渐下降的现象,并认为植株"衰老"是由变异引起的。巴尔巴(Barba)(1969年)则认为营养(培养基)和培养时间对离体培养材料器官发生能力有更重要的影响。因此,针对长期培养物形态发生潜力的丧失,逐步形成了遗传说、生理说和竞争说共3种学说,但是其内在机理尚不清楚,这是目前仍争论的焦点问题。

不同植物种类之间保持分化潜力的时间不同,且差异很大。有的材料长期继代仍可保持较高的再生能力和增殖率;有的材料经过一段时间继代培养后才具有再生能力,如苹果;更多的材料是随继代次数的增加,繁殖能力逐渐衰退,增殖系数和生根率也随之下降。

植物在长期继代过程中的形态发生能力和遗传稳定性受植株基因型、外植体类型、培养时间、培养条件等因素影响,下面一一阐述。

①植物基因型。

基因型是植物遗传变异的主要影响因素。大量研究表明,离体培养导致的植物遗传变异范围受基因型的影响比其他因素的更大。如在利用体细胞无性系变异对桃进行新品种培育时,得到的结果明显依赖于实验选择的基因型。在对香蕉的研究中也发现离体培养导致的变异范围受品种的影响比受培养环境的影响大。因此,体细胞无性系变异并不是通常认为的随机现象,在培养过程中由于生长调节剂的存在,这些特殊位点更容易变异。在香蕉的变异中,矮化现象就较普遍,这种现象正好用该理论解释。同一个品种,其不同倍性的愈伤组织的体细胞胚发生的能力也不一样,如纽荷尔脐橙二倍体愈伤组织的体细胞胚发生的能力较强,而四倍体和六倍体愈伤组织的体细胞胚发生的能力较弱,而且随着倍性的提高,体细胞胚发生的能力似乎逐渐下降。(萧浪涛等,2001年)

②外植体类型。

有些植株具有体细胞多倍性或嵌合现象,一般情况下这种遗传差异在形态特征上表现不出来,但如果用这种外植体诱导愈伤组织,随后再生的植株就会发生性状分离。另外,用分生组织(如形成层、幼胚等)诱导愈伤组织比用高度分化的组织或器官诱导所产生的变异要少,植株再生时体细胞胚发生途径比器官发生途径产生的变异要少,来源于成年植株的培养物要比来源于

幼年植株的培养物变异少。以腋芽作为外植体被认为是最能保证后代遗传稳定性的增殖方式，其操作简单可靠，是最常用的外植体类型[马丁斯(Martins M. et. al.)(2004 年)]。芽的再生途径具有较高的遗传稳定性的原因在于器官的分生组织已经形成，因而较少发生遗传变异，而这种变异往往发生在离体培养条件下的细胞分裂和分化过程中[谢诺伊(Shenoy VB)和瓦西尔(Vasil IK)(1992 年)]，其中背离器官形成的分化被认为是引起体细胞无性系变异的关键过程[卡尔普(Karp A)(1995 年)；拉金(Larkin PJ)和斯考克罗夫特(Scowcroft WR)(1981 年)]。一般来讲，禾本科植物单倍体体细胞不易再生，更难保持(曹孜义等，2002 年)。外植体的数量也关系到变异率的大小。通常来说，较小数量的外植体更容易发生变异[拜鲁阿(Bairua MW et. al.)(2006 年)]，卢温尼(Reuveni)等 1993 年发现，从单个外植体中获得的植株表现出 80%的变异率，而来源于 21 个不同外植体的植株变异率只有 8.4%。

③培养条件。

光照培养条件对愈伤组织诱导的影响不大，但是完全黑暗的培养条件不利于愈伤组织继代培养，如银杏愈伤组织经 4 次继代培养后会完全褐化而死亡(朱红威等，2008 年)，野生葡萄愈伤组织继代后的再生能力也是在光照条件下得以保持的(范丽华等，2012 年)。

愈伤组织的生长也是一种动态的平衡，若要维持这种平衡，一种培养基也许不能实现，必须在几种培养基上交替培养，所以在一种培养基的基础上辅予一种或多种培养基进行交替继代培养，也能长期继代培养，如野生葡萄愈伤组织(范丽华等，2012 年)。

也有研究表明，在附加 2,4-D 的培养基上愈伤组织可以长期继代保持，可见生长调节剂种类也能影响愈伤组织的再生能力(范丽华等，2012 年)。通常认为，培养基的组成尤其是生长调节剂的组成和含量对体细胞无性系变异有重大影响。高浓度的生长调节剂和周期性的继代都能干扰培养物的遗传稳定性(Sahjjram L. et. al.，2003 年)，从而造成基因组不稳定。

④甲基化现象。

许多研究发现，有些再生植株在形态上表现出异常，但是核苷酸序列并没有检测出变化。这可能是一些外在因素的变化引起的，例如甲基化现象可能是基因表达水平上的变化，是一种后生遗传变异，其作用原理是阻止转录过程从而控制体细胞胚的基因表达。郝玉金(2000 年 D)在两种胚状体发生能力不同的纽荷尔脐橙愈伤组织中没有检测出 RAPD 带型差异，但发现甲基化程度有明显的差异，表明继代培养过程中胚状体再生能力的丧失可能不是遗传变异造成的，而是胚状体再生相关基因发生甲基化修饰造成的。甲基化被认为是控制不稳定因子蔓延的一种保护机制，植株在再生过程中，植物细胞外层变化的发生并不受细胞的限制，并且能通过分裂组织稳定下来。

⑤培养时间。

有些研究认为，愈伤组织经长期继代培养后会失去再生能力。到目前为止，多数研究表明，经长期继代培养的愈伤组织仍有再生能力。培养时间是影响继代植株再生能力与遗传稳定性的一个重要原因。因此，要维持培养物的长期再生能力，同时保持其遗传完整性和稳定性，就必须严格控制继代时间，更要注意植株基因型和外植体类型的筛选，以达到长期继代的目的。

愈伤组织遗传上的不稳定性因基因型、外植体、培养基成分和培养时间的不同而异。相同基因型的同一种外植体在不同培养基上会产生不同的变异。组织培养中涉及的遗传变异主要是细胞核组成的改变，且变异不可逆。培养基成分中外源激素的成分与变异的产生密切相关。此外，培养时间对变异的产生的影响也很大。

（4）胚性与非胚性愈伤组织的特点

不同物种、基因型或外植体在不同培养条件下可以形成不同类型的愈伤组织，有的仅能诱导形成非胚性愈伤组织，而有的在适宜条件下则被诱导形成胚性愈伤组织，二者具有明显不同的特点。

非胚性愈伤组织的细胞学属性类似根原基细胞，并非任何一个体细胞都能被诱导产生非胚性愈伤组织。非胚性愈伤组织只来源于特定的再生潜能细胞，包括根的木质部侧的中柱鞘细胞和叶的原形成层与维管薄壁细胞（孙贝贝等，2016年），前者是侧根起始的细胞，而后者是根与生俱来的再生细胞。因此，非胚性愈伤组织的发生位置与侧根和不定根的发生位置一致。非胚性愈伤组织一般为白色或淡绿色，质地较松脆或外松内实，常有无光泽瘤状凸起，或质地致密坚硬，表面有突起，生长较慢，可以进一步诱导生根和生芽，但无法产生胚胎结构从而大量迅速繁殖。

胚性愈伤组织既可起源于愈伤组织表层细胞，也可起源于其内部细胞，起源方式因植物种类不同而异。伊贝母的体细胞胚是由内起源的胚性细胞发育而来的（王仑山等，1989年），文冠果则是由外层细胞发育而来的（顾玉红等，2004年），在魔芋、菠萝、铁炮百合中这两种起源方式并存。胚性愈伤组织一般外观呈鲜艳的淡黄色或黄色、松散颗粒状，质地松软适中，生长缓慢，有强烈的增殖能力和一定的分化能力，能大量增殖，也能长出胚状体。从细胞学来看，胚性愈伤组织由等直径细胞组成，细胞较小，原生质浓厚，无液泡，常富含淀粉粒，核大，分裂活性强。

两种不同类型的愈伤组织在外观、起源上均有各自的特点，但对这些特点的判断一般靠经验和感觉，很难量化，且不同的植物所表现出来的特点有所不同，需要靠组织培养工作者在实践中不断摸索、总结。

2）愈伤组织的形态建成

（1）愈伤组织的形态建成方式

愈伤组织细胞分裂常以无规则方式发生，尽管此时发生细胞分化，但并无器官发生。只有在适宜的培养条件下，愈伤组织才能进一步分化，进行器官发生，产生苗或芽的分生组织，进而再生植株。

愈伤组织的形态建成主要有以下几种方式。（图3-10）

①通过产生单极性的不定芽，在不定芽的下方长出不定根，同时在二者之间形成维管束组织，进而形成完整植株。多数植物属于这种类型。

②通过产生单极性的不定根，在不定根的上方产生不定芽，并在二者之间分化出维管束组织，形成完整植株。这种类型在双子叶植物中较常见，而单子叶植物中则少有。

③愈伤组织仅分化出不定根或不定芽，形成无根苗或无苗根。

④在愈伤组织邻近部位分化出不定根和不定芽，然后两者结合起来形成完整植株，根和芽的维管束必须相连，否则植株不能成活。丛生苗属此种形成方式，根和芽的连接方式同正常胚胎形成。

⑤通过体细胞胚途径再生植株，这也是一种较为常见的类型。

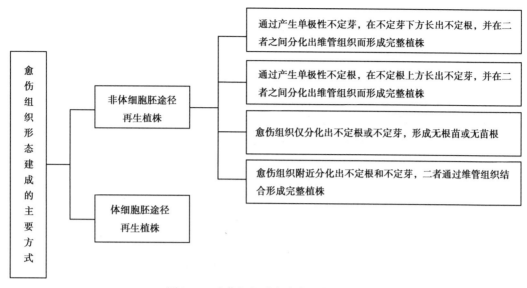

图 3-10　愈伤组织形态建成的主要方式

（2）具形态建成能力和不具形态建成能力的愈伤组织

外植体细胞经离体诱导形成的愈伤组织并不全都具有形态建成的能力。具有形态建成能力的愈伤组织有一定的形态结构特点。但具形态建成能力和不具形态建成能力的愈伤组织之间的差异是相对的，有时通过调控培养条件尤其是生长调节物质和继代方式，可以调控形态建成，将无形态建成能力的愈伤组织调控成具有形态建成能力的愈伤组织。如调控不当，也可以使具有较强形态建成能力的愈伤组织变为形态建成能力较弱的愈伤组织。

（3）愈伤组织诱导、增殖和形态建成的调控

愈伤组织诱导、增殖及形态建成是一个连续的过程，主要受植物种类、基因型、器官类型、培养基和培养环境等因素的调控。（图 3-11）

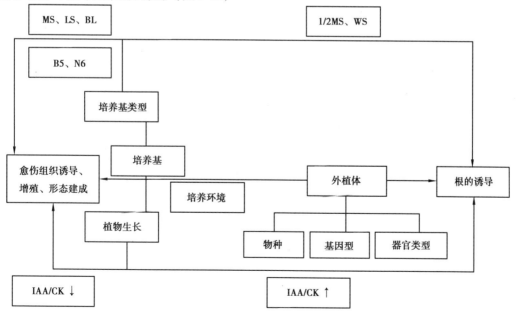

图 3-11　影响愈伤组织诱导、增殖和形态建成的因素

①基因型。

基因型是离体培养过程中影响愈伤组织的诱导、增殖和形态建成的一个重要因素,同一物种不同基因型的作用明显不同。

基因型对离体培养条件的反应的差异在以往的报道中多有涉及,离体培养起始材料的选择十分重要。基因型是控制愈伤组织形态建成的关键,不同物种外植体诱导的愈伤组织器官分化明显不同,如烟草、胡萝卜、苜蓿等较易发生器官分化,而禾谷类、豆类、棉花等愈伤组织形态建成相对较难。同属不同种,甚至同一物种不同品种的愈伤组织器官分化的能力也不一样。

②外植体。

一般而言,分化水平较低的薄壁细胞和处于分裂时期的分生组织细胞较易诱导出愈伤组织。薄壁细胞分化水平较低,有较大发育的可塑性,进行分裂的潜力可保持很多年,如25年树龄的椴属茎的薄壁细胞仍可诱导形成愈伤组织。分生组织细胞分裂潜力强,而细胞分裂是脱分化形成愈伤组织的前提。

以不同器官作为外植体诱导的愈伤组织,其器官发生能力因植物而异,有的植物的差别不大,如烟草和水稻;而有的植物的则明显不同,如翅鞘莎,以根、茎和叶为外植体时愈伤组织的分化带有器官来源的特征,比如根外植体的愈伤组织易分化出根。

外植体的生理年龄也影响愈伤组织的器官发生能力,一般来说,一年生的枝条比多年生的茎干基部更易形成愈伤组织,如油菜植株的茎段自下而上进行培养,下部茎段器官形成率较低,而上部茎段形成的愈伤组织的苗分化率则较高。

③培养基类型。

依据培养基配方中含盐量多少,可将目前的培养基分为四类:

a. 含盐量较大的培养基,如穆拉希格和斯科格于1962年设计的MS培养基以及改良的MS培养基,这类培养基含较高浓度的硝酸盐、铵盐和钾盐,微量元素种类很多。此外,LS[林斯迈尔(Linsmaier)和斯科格,1965年]、BL[布朗(Brown)和劳伦斯(Lawrence),1968年]、ER[埃里克森(Eriksson),1965年]培养基也属于这类培养基。

b. 硝酸钾含量较高的培养基,如B5[甘博格等,1968年]、N6(朱至清等,1975年)、SH[申克(Schenk)和希尔德布兰特(Hildebrandt),1972年],这类培养基的盐浓度也很高,其中NH_4^+和PO_4^{3-}由$NH_4H_2PO_4$提供。

c. 含盐量中等的培养基,如H培养基[布尔金(Bourgin)和尼奇,1979年],这类培养基中的大量元素为MS培养基的1/2,微量元素种类减少但含量增加,维生素种类比MS培养基多。

d. 低盐浓度的培养基,如White培养基(1943年)、WS[沃尔特(Wolter)和斯科格,1966年]培养基和HE培养基[海勒(Heller),1953年]等。

以上四类培养基中,前两类培养基比较适合愈伤组织诱导和细胞培养,但选用哪一类培养基,应依植物种类、基因型和外植体等而定;后两类培养基有利于根的形成。诱导愈伤组织常用的培养基为MS和B5。高盐浓度的培养基可能对培养过程中愈伤组织数量及鲜重的增加有利。

④培养基成分。

a. 生长调节剂。

培养基中生长调节剂对愈伤组织诱导与增殖起重要的调节作用。

• 生长素和细胞分裂素。在愈伤组织诱导、增殖和形态建成过程中,调控幅度最大的是植物生长调节剂,主要调节生长调节剂的种类、浓度和比例,其中生长素和细胞分裂素的浓度、比

例对外植体愈伤组织的诱导、增殖和形态建成的调控起重要作用。大量研究证明,对绝大多数培养物而言,2,4-D 是诱导愈伤组织和细胞悬浮培养的最有效物质,其常用浓度为 0.2 ~ 2 mg/L。同时,为促进细胞和组织的生长,还需要加入 0.5 ~ 2 mg/L 的细胞分裂素。

2,4-D 对禾本科植物愈伤组织诱导及增殖具有特殊作用。KT 对禾本科植物愈伤组织的形成具有抑制作用。

所有植物生长调节剂的种类、浓度和比例对植物材料愈伤组织诱导、增殖及形态建成的调控作用,与植物种类、外植体类型、生理状态及其对生长调节剂的敏感性密切相关。

大量研究表明,愈伤组织的诱导、增殖和器官发生及植株再生的基本培养基可相同,但对于生长素和细胞分裂素的数量和比例以及其他生长调节剂的种类,在愈伤组织培养的各阶段有不同要求。一般高浓度生长素和低浓度的细胞分裂素有利于愈伤组织的诱导和增殖。

对双子叶植物而言,外植体愈伤组织的诱导和生长往往需要适当比例的生长素和细胞分裂素的配合。

对愈伤组织形态结构的调控。愈伤组织在诱导和增殖后,形态结构各异,有的质地松软有的坚实,在培养过程中可用生长调节剂进行调控,使其互相转换。如 N6 培养基上 2,4-D 为 1 ~ 10 mg/L 时适合鹅观草、双穗雀稗愈伤组织形成,多数愈伤组织呈松散粒状,具有胚胎和器官发生的能力,而在含 NAA、IAA、IBA 的培养基上愈伤组织诱导较弱,愈伤组织多呈硬块状。生长调节剂对愈伤组织形态结构的调控作用,可以通过内源生长调节剂的种类和浓度变化及其形态结构的相关性来反映。

在愈伤组织形态建成的调控中,植物生长调节剂起重要调节作用。斯科格和米勒(1951年)提出"激素平衡"假说,即高浓度的生长素有利于根的形成,而抑制芽的形成;反之,高浓度的细胞分裂素促进芽的形成,而抑制根的形成。众多研究表明,这一观点对组织培养的器官分化,尤其是对双子叶植物仍具有重要的指导意义。但也有例外,后来的一些研究结论就与之相矛盾。

●乙烯。愈伤组织在培养过程中可产生大量乙烯,而且受培养基中生长调节剂的调节。生长素和细胞分裂素对愈伤组织的某些生理作用可通过乙烯起作用,而外加乙烯对愈伤组织的形态结构和形态建成也具有调节作用。

b.抗生素物质。

研究表明,某些抗生素对一些植物外植体愈伤组织的生长有促进或抑制作用。

●加缪(Camus)和兰斯(Lance)(1955 年)首次发现离体的正常组织生长可为抗生素所促进。生长素依赖型菊芋块茎在含青霉素 G 或普鲁卡因青霉素(不含生长素)的培养基中鲜重增加 3 倍。

●烟草愈伤组织的生长可为抗菌素利福平和硫酸庆大霉素(0.01 mg/L,0.1 mg/L,10 mg/L 和 100 mg/L)所抑制。0.01 mg/L 的利福平抑制根的生长,0.1 mg/L 的利福平则抑制芽的发生,而 10 mg/L 硫酸庆大霉素则可同时抑制根和芽的器官发生。

●胡萝卜根外植体在含有 100 mg/L 万古霉素和 300 mg/L 羧苄青霉素的 MS 基本培养基上(无论含或不含植物生长调节剂),其愈伤组织生长均可调节,但生长速率仅为含有 1 mg/L NAA 和 6-BA 的培养基中的愈伤组织生长速率的 1/2。

c. 有机成分。

在愈伤组织的诱导培养基和继代培养基中,一般加入一定量的有机成分以满足愈伤组织生长和分化的要求,如糖、维生素类物质(维生素 B_1、烟酸、维生素 B_6、生物素、维生素 C 等)、氨基酸、肌醇、嘌呤和嘧啶类物质,以及酪蛋白水解物、椰子汁等。

糖的种类和浓度对组织培养物的增殖和器官分化均有明显的影响。糖既是能源物质又是渗透调节剂,一般培养基中糖浓度为 2% ~ 3%。糖浓度还可以改变愈伤组织的鲜重和质地。在愈伤组织增殖初期糖浓度影响不显著,但培养一段时间后愈伤组织需在较高糖浓度的培养基中才能维持生长,糖浓度降至 1% 时还会改变愈伤组织的状态,甚至令其死亡。

d. 培养基 pH 值。

培养基 pH 值影响愈伤组织对营养元素的吸收、呼吸代谢、多胺代谢和 DNA 合成以及植物激素对细胞的影响,从而影响愈伤组织的形成及形态建成。一般培养基的 pH 值为 5.5 ~ 5.8,有些培养基经高压灭菌后 pH 值可降低 0.4 ~ 1,但经过 1 ~ 2 天的贮藏,pH 值会出现明显回升。

pH 值影响愈伤组织对 NO_3^-、NH_4^+ 和 Fe 的吸收利用,高 pH 值有利于愈伤组织对 NH_4^+ 的吸收利用,反之可提高对 NO_3^- 的吸收利用率。

pH 值影响器官发生和体细胞胚的发生,它们的发生都要求合适的 pH 值。如烟草在 pH 值为 6.8 时易形成花粉胚状体;水稻花粉愈伤组织在 pH 值为 7.0 的培养基上预处理 1 天,可提高分化绿苗的潜力(曹新祥、韩小云,2003 年)。

e. 活性炭等惰性物质。

活性炭有时会对愈伤组织的分化起很好的作用。大量研究表明,活性炭可促进愈伤组织的器官发生(形成根或芽)和体细胞胚发生,其作用方式(黄学林、李筱菊,1995 年)可能为:

• 吸附培养基中某些成分,如激素、琼脂中的不纯抑制物以及培养基中的维生素 B_1、烟酸和铁的络合物。

• 吸附外植体释放到培养基中的分泌物,如激素、酚类物质等。

• 吸附培养基中某些气体成分。

• 活性炭释放到培养基中的某些杂质影响培养物代谢。

• 使基质黑暗,更接近自然的土壤条件。

f. 培养条件。

• 温度。愈伤组织诱导和增殖的最适温度为 25±2 ℃,不同物种愈伤组织诱导和增殖所要求的温度不同,一般在 20 ~ 30 ℃。愈伤组织分化的最适温度为 24 ~ 28 ℃,温度过高或过低对器官发生的数量和质量均有影响。

• 光。光对愈伤组织的诱导、增殖及分化既有促进作用,又有抑制作用。光的作用反映在光照的时间、方式、强度和波长上。一般光照强度为 1 500 ~ 2 500 lx。

【检测与应用】

1. 生根培养基中蔗糖含量和大量元素含量为什么要减半?

2. 继代培养基与诱导培养基相比,其6-BA含量有所降低,为什么?

3. 愈伤组织的诱导为什么要进行暗培养? 如果不进行暗培养,会有什么影响?

4. 为什么外植体的消毒选用2%次氯酸钠作消毒剂? 可不可以用其他消毒剂? 怎样确定消毒剂的浸泡时长?

5. 继代培养时待转接的培养物(愈伤组织或无菌茎段)切成多大比较合适? 为什么?

6. 肉眼判断具有哪种特征的愈伤组织适宜进行继代及后续的诱导?

7. 一般生根培养基的基本培养基均采用1/2～1/4MS培养基,为什么?

8. 在生根诱导前是否必须进行壮苗培养? 为什么?

9. 野百合苗为什么不能直接移栽大田,而要经过炼苗后再移栽?

10. 试管苗移栽难以成活的原因主要有哪些?

11. 简述试管苗提高移栽成活率的技术和措施。

任务 10　梵净山高山杜鹃丛生芽的诱导及植株再生

任务 10-1　梵净山高山杜鹃丛生芽的诱导中各培养基的配制及灭菌

【课前准备】

1 mol/L HCl 溶液、1 mol/L NaOH 溶液、WPM 干粉培养基、琼脂粉、蔗糖、培养瓶(规格为 340 mL)若干、蒸馏水若干, ZT、IBA 母液 100 mg/L。

丛生芽诱导培养基 RB:WPM+$ZT_{2.0\,mg/L}$(pH 值 5.0)

丛生芽增殖培养基 RS:WPM+$ZT_{0.5\,mg/L}$(pH 值 5.0)

壮苗培养基 RA:WPM+蔗糖$_{20.0\,g/L}$(pH 值 5.0)

生根诱导培养基 RR:1/2WPM+$IBA_{0.5\,mg/L}$+蔗糖$_{5.0\,g/L}$(pH 值 5.0)

【任务步骤】

1)布置任务

按需要、分次配制丛生芽诱导培养基(RB)、丛生芽增殖培养基(RS)、壮苗培养基(RA)、生根诱导培养基(RR),分别分装到规格为 340 mL 的培养瓶中,每瓶装培养基约 30 mL,并经高压灭菌锅灭菌后冷却备用。

2)任务目的

①熟练使用干粉法配制培养基。

②熟悉高压灭菌锅的使用方法。

③理解生长调节剂在不同的目的培养基内的作用。

④进一步熟悉培养基的配制方法。

3)方法步骤

(1)计算各用量

用量要求:WPM 干粉 2.78 g/L、琼脂粉 6.5 g/L、蔗糖 30 g/L(无特殊要求时的用量)、ZT 2.0 mg/L、ZT 0.5 mg/L、IBA 0.5 mg/L(生长调节剂母液浓度为 100 mg/L)

根据公式"质量=浓度×体积"计算,结果见表 3-3。

表 3-3　培养基各成分用量

编号	培养基配方	体积/L	WPM 干粉用量/g	蔗糖用量/g	ZT 取用量/mL	IBA 用量/mL
RB	WPM+ZT$_{2.0\ mg/L}$	1	2.78	30	20	0
RS	WPM+ZT$_{0.5\ mg/L}$	1	2.78	30	5	0
RA	WPM+蔗糖$_{20.0\ g/L}$	1	2.78	30	0	0
RR	1/2WPM+IBA$_{0.5\ mg/L}$+蔗糖$_{5.0\ g/L}$	1	1.39	5	0	5

（2）按照计算结果称量或量取各药品

（3）溶解

量取 600 mL 蒸馏水于容器中，加入称量的 WPM 干粉、蔗糖溶解，按照要求分别加入生长调节剂，定容至 1 000 mL。

（4）加热

将定容好的培养基溶液转入培养基煮锅中，按 8 g/L 加入琼脂粉进行加热以使其快速溶解，沸腾后关火。

（5）调节 pH 值

将加热后的培养基溶液适当冷却（不低于 45 ℃），滴加 1 mol/L HCl 溶液和 1 mol/L NaOH 溶液，用 pH 试纸调节培养基的 pH 值至 5.0 左右。滴加酸和碱溶液后注意搅拌均匀，切不可反复滴加 HCl 溶液和 NaOH 溶液，易造成离子浓度变化。

（6）分装

将培养基分装到 340 mL 培养瓶中，每瓶约装 30 mL。

（7）贴标签

按照"实验顺序号+组别+培养基编号"的格式书写标签，并贴于培养瓶瓶盖上。

（8）灭菌

在温度为 121 ℃、压强为 0.11 MPa 的条件下持续灭菌 20 min。

（9）培养基的保存

将消过毒的培养基置于接种室或培养室中保存备用，尽可能在两周内用完。

任务 10-2　高山杜鹃外植体的选择、消毒及初代培养

【课前准备】

高山杜鹃的新鲜枝条。

75%酒精、棉球、2%次氯酸钠、工业酒精、来苏尔溶液、酒精灯、器具搁架、接种工具、无菌接种盘（含无菌滤纸）、灭菌并冷却的培养基、无菌水。

【任务步骤】

1）布置任务

对采回的枝条进行预培养,待腋芽萌发后作为外植体。对外植体进行消毒、初代培养,获得无菌腋芽。

2）任务目的

①掌握野外采集的枝条的处理办法,掌握组织培养器官发生的途径及原理。
②掌握高山杜鹃枝条预处理及消毒方法。

3）方法步骤

(1)外植体的选取及处理
采集野外生长健壮、无明显病虫害的高山杜鹃枝条,将枝条茎尖剪除后在实验室内水培,促其叶腋休眠芽萌发。待休眠芽萌发并长至 2 cm 后将嫩枝剪下,流水冲洗 2 h 以上备用。

(2)接种前准备
对无菌操作室内进行消毒,用紫外线灯照射 30 min,同时开启超净工作台无菌风开关,地面用低浓度的来苏尔溶液消毒,紫外线灯关闭约 20 min 后方可进无菌操作室工作。用 75% 酒精棉球擦净双手和超净工作台。接种前先点燃酒精灯,镊子和剪刀都要先浸泡在 75% 酒精中。提前将需要接种的培养基用 75% 酒精棉球擦洗后摆放在超净工作台上。

(3)外植体消毒
将剪好备用的高山杜鹃嫩枝在超净工作台上用 75% 酒精涮洗 8 s,无菌水冲洗 3~5 次,再用 2.0% 次氯酸钠溶液浸泡 15 min,无菌水冲洗 3~5 次,置于无菌滤纸上吸干表面水分后待接种。

(4)接种
将消好毒的芽体根部切掉,露出新鲜的组织,用在酒精灯火焰上灼烧并冷却后的镊子、剪刀取出一个小芽,迅速打开培养瓶瓶口,将材料放到瓶内培养基上,确保小芽伤口与培养基接触。在酒精灯火焰旁盖上瓶盖,完成接种操作。用记号笔在瓶体上写明培养基编号、接种日期、材料和接种人。

(5)培养
将接种好的培养瓶置于 25±2 ℃ 的培养室中,在每天光照时间为 13 h、光照强度为 1 000 lx 的条件下培养。

(6)观察记录
培养 3~7 天后统计污染率并记录,培养 30 天后观察嫩枝上的腋芽是否萌发并计算腋芽萌发率。
污染率=污染的瓶数/接种的总瓶数×100%
腋芽萌发率=已萌发的腋芽数/接种的枝条总数×100%

任务 10-3　高山杜鹃丛生芽的继代培养

【课前准备】

从培养 4~6 周的高山杜鹃外植体上长出的丛生芽(任务 10-2 中获得)。

75% 酒精、棉球、2% 次氯酸钠、工业酒精、来苏尔溶液、酒精灯、器具搁架、接种工具、无菌接种盘(含无菌滤纸)、灭菌并冷却的培养基(继代培养基)、超净工作台、火柴、记号笔等。

丛生芽增殖培养基 RS:WPM+$ZT_{0.5 mg/L}$(pH 值 5.0),灭菌后冷却备用。

【任务步骤】

1)布置任务

配制丛生芽增殖培养基,将高山杜鹃无菌丛生芽转接到增殖培养基上,获得大量无菌丛生芽。

2)任务目的

①掌握丛生芽增殖的原理。
②获得大量高山杜鹃无菌小芽。

3)方法步骤

(1)接种前准备

对无菌操作室内进行消毒,用紫外线灯照射 30 min,同时开启超净工作台无菌风开关,紫外线灯关闭约 20 min 后方可进无菌操作室工作,地面用低浓度的来苏尔溶液消毒。用 75% 酒精棉球擦净双手和超净工作台。接种前先点燃酒精灯,镊子和剪刀都要先浸泡在 75% 酒精中。提前将需要接种的培养基和挑选的母瓶用 75% 酒精棉球擦洗后,摆放在超净工作台上。

(2)取材

在超净工作台的酒精灯火焰旁,取一瓶培养母瓶,灼烧培养瓶瓶口,用灼烧冷却后的镊子和解剖刀取出芽丛放在无菌接种盘。每个接种盘中约放 1~2 块芽丛。把每块芽丛底部的愈伤组织、黑死的组织去除,露出新鲜的组织后,将大芽丛分割成带有 3~5 株小芽的小芽丛,如果不定芽太小,可以将其分成 0.5~1 cm 见方的小块。

(3)继代转接

将切割好的芽丛或组织块接种到新鲜的培养基上。每瓶接种 4~5 丛或块,每次操作后要换接种盘。转接后在培养瓶上写明培养基编号、接种人、接种日期。视培养物生长情况,以后每隔 30~60 天继代一次。

（4）观察记录

将实验记录抄录于笔记本上,注明实验开始的日期、持续期、培养物的数目及受污染的数目和所作的不同处理。在 4 周内,每隔一周肉眼观察培养物,记录培养物形态的变化、生长状态、鲜重变化等,必要时拍照记录。

培养 7 天后统计污染率,4 周后统计丛生芽增殖系数。公式为:

污染率＝污染的瓶数/接种瓶数×100%

丛生芽增殖系数＝接种时的芽体数/增殖后的芽体数×100%

任务 10-4   高山杜鹃的生根诱导

【课前准备】

高山杜鹃无根苗。

配制高山杜鹃的壮苗培养基、生根培养基[1 mol/L HCl 溶液、1 mol/L NaOH 溶液、MS 干粉培养基、琼脂粉、蔗糖、培养瓶(规格为 340 mL)若干]。

75% 酒精、2% 次氯酸钠溶液、工业酒精、无菌水等,镊子、手术刀、剪刀、酒精灯、烧杯、搁架、三角瓶、火柴、无菌接种盘、无菌滤纸、棉球、超净工作台、记号笔。

壮苗培养基 RA：WPM+蔗糖$_{20.0\,g/L}$(pH 值 5.0),灭菌后冷却备用。

生根诱导培养基 RR：1/2WPM+IBA$_{0.5\,mg/L}$+蔗糖$_{5.0\,g/L}$(pH 值 5.0),灭菌后冷却备用。

【任务步骤】

1) 布置任务

提前诱导出高山杜鹃无根苗,并进行壮苗培养(见任务 10-3)。分别配制 1 L 壮苗培养基、生根诱导培养基。复习无菌操作流程及注意事项。

2) 任务目的

①熟练掌握无菌操作流程,能独立进行接种。
②掌握生根诱导培养基的原理及配制方法。
③获得高山杜鹃生根组培苗。

3) 方法步骤

（1）壮苗培养
①准备壮苗培养基。
提前配制壮苗培养基并灭菌、冷却待用,培养基为 WPM+蔗糖$_{20.0\,g/L}$(pH 值 5.0)。
②实验室准备。

　　将接种需用的消毒剂、接种工具、酒精灯、烧杯、无菌水、无菌接种盘、培养基等置于超净工作台的接种台面;打开超净工作台的电源开关,打开鼓风开关,调节送风量,并打开紫外线灯消毒 30 min,之后关闭紫外线灯,继续送风 20 min,打开照明灯开关。

　　③操作前准备。

　　无菌操作前,将双手用 75% 酒精棉球擦拭消毒。将接种盘、接种工具置于超净工作台上,将接种盘置于操作人员的正前方;将接种工具浸泡在工业酒精中,随后用酒精灯外焰灼烧灭菌,后置于支架上冷却备用。

　　④切分植物材料。

　　在酒精灯火焰处打开外植体材料瓶,将材料用无菌镊子取出,置于无菌接种盘上。一手持镊子,一手持剪刀,将诱导出来的高山杜鹃丛生芽进行切分,将基部切掉,露出新鲜的组织。

　　⑤接种。

　　将切分好的小芽分别接种到壮苗培养基上,切割时应尽可能让单株上的茎、叶保持完整。依照形态学上端向上、下端向下的原则,将材料接种于壮苗培养基中,每瓶接种 10 株小芽,小芽分布要均匀。同时宜将大小较一致的材料接种于一瓶培养瓶中,以便材料生长整齐,利于后期的生根处理。如芽体太小,则以芽丛形式接种,每丛 3～5 株苗,每瓶接种 4～5 丛。

　　⑥培养。

　　将接好的培养瓶暂时放在超净工作台上,待材料接完后一块取出。在培养瓶标签上写上培养基编号、接种日期、接种人,置于室温为 25±2 ℃、每天光照时间为 16 h 的培养室内培养。

　　⑦清理。

　　接种结束后,关闭电源并清理超净工作台,将接种室的垃圾及时清理出去,清洗用过的器具等。

　　⑧观察记录。

　　培养 20 天后观察高山杜鹃无根苗是否健壮、是否适合生根诱导,挑选出适合生根的无根苗备用。

　　(2)生根诱导

　　①准备生根诱导培养基。

　　提前配制生根诱导培养基并灭菌、冷却待用,培养基为 $1/2WPM+IBA_{0.5\,mg/L}+蔗糖_{5.0\,g/L}$(pH值 5.0)。

　　②实验室准备。

　　将接种需用的消毒剂、接种工具、酒精灯、烧杯、无菌水、无菌接种盘、培养基等置于超净工作台的接种台面;打开超净工作台的电源开关,打开鼓风开关,调节送风量,并打开紫外线灯消毒 30 min,之后关闭紫外线灯,继续送风 20 min,打开照明灯开关。

　　③操作前准备。

　　进行无菌操作前,将双手用 75% 酒精棉球擦拭消毒。将接种盘、接种工具置于超净工作台上,接种盘置于操作人员的正前方;将接种工具浸泡在工业酒精中,随后用酒精灯外焰灼烧灭菌,再置于支架上冷却备用。

　　④植物材料准备。

　　在酒精灯火焰处打开培养母瓶,将经壮苗培养的高山杜鹃小苗用无菌镊子取出,置于无菌接种盘上。一手持镊子,一手持剪刀,对高山杜鹃小苗进行处理,切去小苗基部原有组织,露出

新鲜组织。

⑤接种。

依照形态学上端向上、下端向下的原则,将处理好的小苗接种于生根诱导培养基中,每瓶接种 10 株小苗,分布要均匀。同时宜将大小较一致的材料接种于同一培养瓶中,利于后期的移栽管理。

⑥培养。

将接好的培养瓶暂时放在超净工作台上,材料接完后一块取出。在培养瓶标签上写上培养基编号、接种日期、接种人,放于培养室中进行培养。培养室温度为 25 ± 2 ℃,每天光照时间为 16 h。

⑦清理。

接种结束后,关闭电源,清理超净工作台,将接种室的垃圾及时清理出去,清洗用过的器具等。

⑧观察记录。

培养 15 天后观察高山杜鹃小苗上是否有白色肉质不定根发生,以不定根长度 ≥0.5 cm、生根数 ≥3 条为有效生根标准,培养 20 天后统计生根率。

任务 10-5　高山杜鹃组培苗的炼苗、移栽及管理

【课前准备】

高山杜鹃组培生根苗、已消毒的基质(消毒液为 0.1% 高锰酸钾溶液)、穴盘(72 穴)、0.1% 多菌灵、喷壶、温室或塑料大棚。

【任务步骤】

1)布置任务

用 0.1% 高锰酸钾溶液消毒栽培基质;提前诱导出高山杜鹃组培生根苗,通过试管苗的炼苗、移栽获得再生植株。

2)任务目的

①掌握试管苗的驯化移栽方法,主要掌握试管苗的炼苗方法和试管苗移栽时的水分管理。
②熟悉试管苗移栽后的栽培措施和栽培条件的控制。
③获得高山杜鹃再生植株。

3）方法步骤

（1）炼苗

选择高度在 5～7 cm、叶片数在 4～5 片、主根系长度为 1～2 cm 的高山杜鹃组培苗进行移栽。在培养室内逐渐打开培养瓶瓶盖，置于窗台上以自然光照炼苗一周，随后放于温室中，打开瓶盖炼苗 2～3 天后移栽。通过湿度由高至低、光照由弱至强、温度由恒温至存在昼夜温差的变化，使它们在生理、形态、组织上发生相应的改变，逐渐地适应外界的自然环境。

（2）清洗

从瓶中取出已生根小苗，用无菌水洗净根部的培养基。用 0.1% 多菌灵浸泡小苗基部 8 min，晾干后移栽。

（3）移栽

取出准备好的组培苗，定植于穴盘（72 穴）中，穴盘中提前准备好用 0.1% 高锰酸钾溶液消好毒的栽培基质，基质为泥炭+珍珠岩，比例为 $V_{(泥炭)} : V_{(珍珠岩)} = 1:1$。移栽时先用手指或粗木棍在基质中间戳一个深 2 cm 左右的小坑，然后将小苗放入洞中，用基质覆盖并用手指按压，让组培苗根系与栽培基质充分结合，移栽完成后浇一次定根水。

（4）移栽后的管理

定植后覆盖塑料薄膜，防止水分蒸发过快，一般覆盖膜 14 天左右，注意薄膜应该与小苗保持一定距离，否则易造成烧苗现象，塑料薄膜每天揭开通风 3 次，每次半小时。直接照射强光对移栽苗生长不利，组培苗移栽后，可用 50% 的遮阳网降低光照强度或置于温室、塑料大棚中，以免叶片水分损失过快，造成烧叶。

在高山杜鹃移栽后的生长初期，水肥是非常重要的影响因素。在夏秋季节，每天 3 次对叶面进行喷雾，1 周后开始淋水，以后每天淋水 1 次，最佳的浇水时间是在早上。在冬春季节，每天 1 次对叶面进行喷雾，1 周后开始淋水，以后每隔 5～7 天淋水 1 次。待植株恢复生长，每 10 天进行 1 次根外追肥，在生长中期可适当喷施一些 KH_2PO_4 或"花多多"等叶面肥，以确保植株对肥料的需求。14 天后揭开地膜，逐步恢复光照。移栽 21 天以后将生长良好的再生植株移栽到室外，进行田间粗放管理。

（5）观察记录

移栽 90 天后统计再生植株的成活率及发病情况，以有新芽长出为成活标准。

【检测与应用】

1. 观察高山杜鹃的各培养基，与野百合的各培养基进行对比，试分析其中的异同。
2. 为什么野百合的各培养基 pH 值应调为 5.8 左右，而高山杜鹃的要调为 5.0 左右？
3. 什么是增殖系数？增殖系数是不是越大越好？
4. 一年中什么时间是组培苗最适宜的移栽时间？
5. 怎样选用移栽基质？高山杜鹃的移栽基质需要满足什么条件？
6. 试述高山杜鹃移栽驯化的方法及过程。
7. 简述高山杜鹃无菌体系建立的方法。

8. 简述高山杜鹃试管苗炼苗的方法。

9. 如果试管苗生根不理想,可以在移栽前做哪些补救措施以提高移栽成活率?

参考文献

[1] 刘玲梅,汤浩茹,刘娟. 试管苗长期继代培养中的形态发生能力与遗传稳定性[J]. 生物技术通报,2008(05):22-27.

[2] Reuveni O, Golubowicz S,Israeli Y. Factors influencing the occurrence of somaclonal variations in micropropagation bananas[J]. Acta Hort, 1993, 336:357-364.

[3] 曹新祥,韩小云. 植物组织培养中的 pH 值[J]. 杭州师范学院学报(自然科学版),2003,2(01):60-63.

[4] 曹孜义,杨德龙,梁庆丰,等. 内 39 号葡萄株系的离体快繁技术研究[J]. 果树学报,2002(06):427-429.

[5] 范丽华,赖呈纯,谢鸿根,等. 福建野生葡萄松散型愈伤组织的诱导及其继代保持[J]. 福建农业学报,2012,27(07):711-716.

[6] 顾玉红,高述民,郭惠红,等. 文冠果的体细胞胚胎发生[J]. 植物生理学通讯,2004(03):311-313.

[7] 李雪艳,严瑞,张静,等. 东方百合 Tiger Woods 离体快繁技术体系的建立[J]. 沈阳农业大学学报,2016,47(06):654-660.

[8] 孙贝贝,刘杰,葛亚超,等. 植物再生的研究进展[J]. 科学通报,2016,61(36):3887-3902.

[9] 王仑山,杨汉民,王亚馥,等. 伊贝母组织培养中体细胞胚的形成及细胞组织学观察[J]. 西北植物学报,1989(02):76-81,133.

[10] 萧浪涛,胡家金,邓秀新. 柑橘愈伤组织内源激素代谢与体细胞胚胎发生能力关系的研究 I. 柑橘不同愈伤组织体细胞胚胎发生能力的比较[J]. 湖南农业大学学报(自然科学版),2001,27(03):197-199.

[11] 张璐,潘远智,刘柿良,等. 宜昌百合胚性愈伤组织诱导及植株再生体系的研究[J]. 植物研究,2019,39(03):338-346,357.

[12] 张旭红,王頔,梁振旭,等. 欧洲百合愈伤组织诱导及植株再生体系的建立[J]. 植物学报,2018,53(06):840-847.

[13] 朱红威,邵菊芳,陶秀祥,等. 激素对银杏愈伤组织诱导及继代培养的影响[J]. 天然产物研究与开发,2008(03):482-487.

第4部分 综合提升

任务 11 梵净山蔷薇科观赏植物无菌体系的建立(腋芽萌发)

任务 11-1 梵净山蔷薇科观赏植物无菌体系的建立——方案设计

【课前准备】

了解梵净山本地蔷薇科特色植物资源。

【任务步骤】

1）布置任务

①选定蔷薇科某种植物为实验材料,并充分论证。
②查阅相关资料,设计该植物材料的相关培养基配方。

2）任务目的

①掌握组织培养方案设计的流程与方法。
②让大家认识到分工合作、团结的重要性。
③掌握植物生长调节剂在不同培养基中的作用。
④设计梵净山蔷薇科观赏植物无菌体系建立的一整套方案。

3）方法和步骤

（1）实验材料：蔷薇科自选材料

通过小组成员分工合作、查阅资料，证明实验是否具有一定的科学意义或者尚未研究过。如果研究过是否还有必要开展研究，是否还存在尚未解决的科学问题；如果没有研究过，分析其原因，是否组织培养很难成功或者不需要采用组织培养的方法就能获得大量种苗。经过充分论证实验的可行性后，方能选定植物材料，进行下一步研究。

根据以下原则选择实验材料：

①经济性原则。因为组织培养成本高，需考察所选实验材料是否具有重大的经济价值或科研价值，耗费人力财力获得是否值得。

②市场需求原则。可以培养市场上刚刚引进或新培育的品种，它们往往数量少、价格高、销量大。

③具有重大研究意义。数量稀少、繁殖困难的品种可以考虑用组织培养的方法解决其繁殖问题，增加种群数量。

④获得无毒植株的需要。受病毒侵染、需要脱毒培养的材料可以用组织培养的方法进行培养，获得无毒植株。

（2）制订实验方案

①消毒剂的选择和消毒时间的确定。

a. 升汞。

升汞溶液的常用浓度为 0.1% ~1%。升汞的消毒效果极佳，但易在植物材料上残留，消毒后需用无菌水反复多次冲洗以将药剂除净。并且，升汞对人畜的毒性极强，也会给环境造成较大污染，应尽量减少使用或不用升汞为宜。

b. 含氯消毒剂。

• 次氯酸钠是一种较好的消毒剂，常用浓度为 1% ~2%（有效氯含量），其消毒作用很强，不易残留，对环境无害。

• 次氯酸钙，俗称漂白精，常用浓度为 2%（有效氯含量），是强氧化剂，对人的危害极大，有致癌性，使用时也要注意自身防护。

• 漂白粉也称含氯石灰，有效成分是次氯酸钙，消毒效果很好。

c. 过氧化氢。

过氧化氢的常用浓度为 10% ~12%。其消毒效果好，易清除，对外植体损伤小，常用于叶片消毒。

d. 酒精。

酒精是最常用的表面消毒剂，以 70% ~75% 酒精的杀菌效果最好，但对植物材料的杀伤作用也很大，浸泡时间过长，植物材料的生长将会受到影响，甚至被酒精杀死，使用时应严格控制时间，一般浸泡时间不超过 60 s。酒精不能彻底消毒，一般不单独使用，多与其他消毒剂配合使用。

e. 吐温。

吐温作为一种表面活性剂，能显著增强其他消毒剂的消毒效果，应与其他消毒剂配合使用。

f. 洗涤剂类或肥皂水。

其洗涤活性成分是一类被称作表面活性剂的物质，它的作用原理是减弱细菌与植物间的附着力，更易将细菌清除，常用于外植体的清洗及预处理。

通过查阅文献资料确定该植物材料或相近种类植物的外植体消毒使用的消毒剂及消毒时间,消毒时间的确定尤为关键,可以根据消毒剂的浓度梯度、浸泡时间梯度进行均匀设计,以污染率或成活率为参考依据,通过实验比较得出最适宜的消毒剂浓度、消毒时间的最优组合。对于不同的植物种类、不同的部位、不同的采集时间(季节),最适宜的消毒剂浓度、消毒时间都不同。

②培养基的设计。

通过查阅文献资料得到该植物材料或相近种类植物的部分培养基配方,对培养基配方进行比对,首先确定基本培养基,然后确定生长调节剂的种类、用量范围等,如果时间允许,可先设计单因素试验,分别筛选出单一的生长调节剂的用量范围。也可直接通过文献资料获得单一的生长调节剂的用量范围,再根据正交设计原则(详见后文"知识点")确定因子、水平,根据正交表得到培养基的配方。也可以根据其他组合原理进行培养基的设计。

(3)撰写实验方案

根据前面的工作,撰写本实验的实施方案,含实验材料的论证、培养基的配方及配制方法、外植体的采集与预处理、消毒剂的浓度及配制方法、外植体的消毒方法(含消毒剂的浸泡时间)、接种方法等,并根据需要设计各环节记录表格,应包含最佳条件筛选的指标,如消毒剂及消毒时间可根据成活率、死亡率等确定,培养基的筛选可根据腋芽萌发的时间、健壮程度等进行。

记录表格设计示例如表 4-1、表 4-2 所示,其他记录表格可根据实际情况进行设计。

表 4-1　××的消毒时间比较

编号	消毒剂	消毒时间/min	成活率/%	污染率/%	死亡率/%
1	消毒剂 1	3			
		5			
		7			
2	消毒剂 2	3			
		5			
		7			
……	……				
n	消毒剂 n				

注:成活率=新芽萌发的外植体数/接种总数×100%;污染率=污染的外植体数/接种总数×100%;死亡率=死亡的外植体数/接种总数×100%

表 4-2　××的愈伤组织诱导培养基效果比较

培养基编号	培养瓶编号	培养物大小及长势记录		
		培养 0 天	培养 30 天	培养 n 天
1	1	长×宽×高	长×宽×高,淡黄色、疏松(或绿色、紧密)	
	2			
	3			

续表

培养基编号	培养瓶编号	培养物大小及长势记录		
		培养 0 天	培养 30 天	培养 n 天
2	1			
	2			
	3			
	……			
n	……			

【知识点】培养基的设计原则和优化方法

1）培养基的设计原则

（1）目的明确

培养不同种类的植物必须采用不同的培养条件,培养目的不同,培养基的类型和生长调节剂配比就不同。根据不同的工作目的、不同植物的营养需要,运用自己丰富的生物化学和植物学知识来配制最佳培养基。如生根诱导的基本培养基可采用 1/2 或 1/4 基本培养基,蔗糖减半等。

（2）营养协调

植物细胞组成元素的调查或分析,是设计培养基的重要参考依据。

①根据不同种类植物的营养需求配制专门的基本培养基,各种植物的常用基本培养基如下:大多数植物采用 MS 培养基;木本植物采用 WPM 培养基;兰科植物采用 1/2MS、1/4MS、VW 等培养基。

②激素浓度及配比合适。培养基中生长调节剂浓度过低不能满足植物正常生长所需,浓度过高又可能对植物生长起抑制作用;不同植物所需各种生长调节剂配比不尽相同。

（3）理化条件适宜

培养基的 pH 值、渗透压等物理化学条件较为适宜。各种植物都有适宜其生长的 pH 值范围,培养基的 pH 值必须控制在一定的范围内,以满足不同类型植物的生长繁殖需要。大多数植物适宜的 pH 值为 5.8 左右,杜鹃花科植物的适宜 pH 值为 5.2 左右。

（4）经济节约

配制培养基时应尽量利用廉价且易于获得的原料成分,特别是在工业生产中,以降低生产成本,但同时应兼顾生物安全。

2）培养基的优化方法

培养基的优化通常包括以下几个步骤:①所有影响因子的确认;②影响因子的筛选,以确定各个因子的影响程度;③根据影响因子情况和培养基优化的要求,选择优化策略;④进行实验结果的数学或统计分析,以确定其最佳条件;⑤最佳条件的验证。

由于培养基优化目的不同、各类培养基成分众多、各因素常存在交互作用、每种植物的不同目的培养基差异很大,很难建立培养基优化模型;另外,测量数据常含有较大误差,这也影响了培养基优化过程的准确评估,因此培养基优化工作的量大且复杂。许多实验方法在培养基优化上得到应用,如单次单因子法,通过正交实验设计、均匀实验设计、响应面分析等方法设计多因子实验等(代志凯等,2010 年)。每一种实验设计都有它的优点和缺点。

(1)单次单因子法

实验室最常用的优化方法是单次单因子法,这种方法是在假设各因素间不存在交互作用的前提下,通过每次改变一个因素的水平而其他因素保持恒定,对逐个因素进行考察的优化方法。但是由于考察的因素间经常存在交互作用,该方法并非总能获得最佳的优化条件,另外,当考察的因素较多时,需要太多的实验次数和较长的实验周期,所以现在的培养基优化实验中一般不采用或不单独采用这种方法,仅在粗略地确定某成分的使用范围时或变量很简单时采用此方法。

(2)多因子试验

多因子试验需要解决两个问题,一是哪些因子具有最大(或最小)的效应、哪些因子间具有交互作用,二是影响较大的因子组合情况,并对独立变量进行优化。

①正交实验设计法。

正交实验设计法是安排多因子的一种常用方法,通过合理的实验设计,可用少量的、具有代表性的实验来代替全面实验,较快地取得实验结果。正交实验的实质就是选择适当的正交表,合理安排实验、分析实验结果的一种实验方法。具体可以分为四步:a. 根据问题的要求和客观条件确定因子和水平,列出因子水平表;b. 根据因子和水平数选用合适的正交表,设计正交表头,并安排实验;c. 根据正交表给出的实验方案进行实验;d. 对实验结果进行分析,选出较优的"实验条件"以及对结果有显著影响的因子。

正交实验设计注重科学合理地安排实验,可同时考虑几种因子,寻找最佳因子水平结合,但它不能在给出的整个区域上找到因子和实验结果之间的一个明确的函数表达式即回归方程,因而无法找到整个区域上因子的最佳组合。

正交法可以用来分析因子之间的交叉效应,但需要提前考虑哪些因子之间存在交互作用,再据此来设计实验。因此,没有预先考虑的两因子之间即使存在交互作用,在结果中也得不到显示。对于多因子、多水平的科学实验来说,正交法需要进行的实验次数仍太多,在实际工作中常常无法安排,其应用范围受到限制。

②均匀实验设计法。

仅考虑"均匀分散",而不考虑"整齐可比",完全从"均匀分散"的角度出发的实验设计,叫作均匀实验设计。均匀实验设计法按均匀设计表来安排实验,均匀设计表在使用时最值得注意的是表中各列因子水平不能像正交表那样任意改变次序,而只能按照原来的次序进行平滑,即把原来的最后一个水平与第一个水平衔接起来,组成一个封闭圈,然后从任一处开始定为第一个水平,按圈的原方向和相反方向依次排出第二、第三水平。均匀设计只考虑实验点在实验范围内均匀分布,因而可使所需实验次数大大减少。例如一项5 因子10 水平的实验,若用正交实验设计需要做 102 次实验,而用均匀实验设计只需做 10 次实验,随着水平数的增多,均匀实验设计的优越性愈加突出,这就大大减少了多因子多水平实验中的实验次数。

③Plackett-Burman 设计法。

Plackett-Burman 设计法主要针对因子数较多且未确定众因子相对于响应变量的显著影响所采用的实验设计方法。该方法主要通过对每个因子取两水平来进行分析,通过比较各个因子两水平的差异与整体的差异来确定因子的显著性,可以从众多考察因子中快速有效地筛选出最为重要的几个因子,供进一步优化研究用。理论上 Plackett-Burman 设计法可以达到 99 个因子仅做 100 次实验,但该法不能考察各因子的交互作用。因此,它通常运用于过程优化的初步实验,用于确定影响过程的重要因子(潘向军,2006 年)。

④部分因子设计法。

部分因子设计法与 Plackett-Burman 设计法一样,是一种两水平的实验优化方法,能够用比全因子实验次数少得多的实验从大量影响因子中筛选出重要的因子,根据实验数据拟合出一次多项式,并以此利用最陡爬坡法确定最大响应区域,以便利用响应面法作进一步优化。部分因子设计法与 Plackett-Burman 设计法相比,实验次数稍多。

⑤响应面分析法(RSM)。

响应面分析法是数学与统计学相结合的产物。和其他统计方法一样,它由于采用了合理的实验设计,能以最经济的方式,用很少的实验数量和时间对实验进行全面研究,科学地提供局部与整体的关系,从而取得明确的、有目的的结论。它与正交实验设计不同,响应面分析法以回归方法作为函数估算的工具,将多因子实验中因子与实验结果的相互关系用多项式近似,把因子与实验结果(响应值)的关系函数化,依此对函数的面进行分析,研究因子与响应值之间、因子与因子之间的相互关系,并进行优化(俞俊棠等,2003 年),在实验测量、经验公式和数值分析的基础上,对指定设计点集合进行连续求解,通过合理布置实验点的位置,利用少量实验点得到较高精度,该分析方法现已被广泛运用在提取工艺和方法优化等很多领域。

RSM 有许多方面的优点,但仍有一定的局限性。首先,如果因子水平选得太宽或选的关键因子不全,将会导致响应面出现吊兜和鞍点。因此事先必须进行调研、查询和充分论证,或者通过其他实验设计得出主要影响因子。其次,根据通过回归分析得到的结果,只能对该类实验作估计。最后,当回归数据用于预测时,只能在因子所限范围内进行预测。响应面拟合方程只在考察的紧接的邻域里才充分近似真实情形。下面是 RSM 的两种常见运用。

中心组合设计(CCD)是一种国际上较为常用的响应面分析法,是一种 5 水平的实验设计法。采用该法能够在有限的实验次数下,对影响生物过程的因子及其交互作用进行评价,而且能对各因子进行优化,以获得影响过程的最佳条件。

Box-Behnken 设计(BBD)是由 Box-Behnken 于 1960 年提出的拟合响应曲面的 3 水平设计,该设计是由 2 水平因子设计与不完全区组设计组合而成。每个因子取 3 个水平,分别以"(-1,0,1)"编码,然后根据实验表进行设计,运用响应面分析法对实验后的数据进行分析。BBD 是关于科研评价指标和因子间非线性关系的一种实验设计方法。与 CCD 不同的是,它不需要连续进行多次实验,在因子数相同的情况下,BBD 的实验组合数比 CCD 少,更经济。CCD 适用于多因子多水平实验,有连续变量存在;BBD 适用于因子水平较少(因子一般少于 5 个,水平为 3 个)。CCD 相比 BBD,在实验中能更好地拟合响应曲面。

经以上几种方法的比较,我们可以通过把几种实验方法结合来减少实验工作量,同时得到比较理想的结果。首先在充分调研和以前实验的基础上,用部分因子设计法评价多种培养基组分对响应值的影响,并找出主要影响因子;再用最陡爬坡路径逼近最大响应区域;最后用 CCD

作响应面分析,确定主要影响因子的最佳浓度。

另外,在缺乏某些植物的相关参考信息时,可先用 Plackett-Burman 法确定重要因素,然后用响应面分析法或均匀实验设计法得到各重要因子的最佳水平值。

任务 11-2 梵净山蔷薇科观赏植物无菌体系的建立——方案实施

【课前准备】

植物材料:蔷薇科观赏植物的采集及预处理。

仪器设备:超净工作台、带无菌滤纸的无菌接种盘、剪刀、镊子、酒精灯、小刷子、量筒、滤纸、培养瓶、棉球、移液管(枪)。

试剂:75% 酒精、1 mol/L 的 HCl 溶液、1 mol/L 的 NaOH 溶液、MS 干粉培养基或培养基母液、生长调节剂母液、琼脂粉、蔗糖、消毒剂、无菌水、蒸馏水等。

【任务步骤】

1)布置任务

①根据任务 11-1 中设计的实验方案进行操作,独立配制目的培养基。
②采集外植体并消毒,通过无菌操作法最终获得该实验材料的无菌材料。

2)任务目的

①掌握各种外植体消毒的一般方法和无菌接种方法。
②培养独立开展组织培养相关科研和生产工作的能力。

3)方法和步骤

(1)实验前的准备
①培养基的配制及灭菌。
a. 计算。
首先确定所需配制培养基的总量,再根据所设计的培养基配方、母液倍数、生长调节剂母液浓度等分别计算配制该体积培养基所需量取各种母液的体积(母液法)或需称量各组分干粉的质量(干粉法)、生长调节剂的量。
b. 量取母液或称取药品。
母液法:用烧杯量取为所配培养基总体积的 1/2 左右体积的蒸馏水,根据培养基配方所计算的量,用量筒分别量取各母液的量至烧杯中,称取蔗糖及除琼脂以外的其他药品并溶解在烧杯中。

干粉法:用烧杯量取为所配培养基总体积的 1/2 左右体积的蒸馏水,根据培养基配方所计算的量,称量各培养基组分、量取相应的生长调节剂的量,称取蔗糖及除琼脂以外的其他药品并溶解在烧杯中。

c. 定容。

将烧杯中的各母液倒入容量瓶中,所用烧杯应用蒸馏水洗 3 次以上,用蒸馏水定容到所需要的体积。

d. 熬煮。

将定容好的溶液倒入培养基煮锅中,加入称量好的琼脂粉熬煮,边煮边搅拌,加热至沸腾片刻,让琼脂粉充分溶解。

e. 调节培养基的 pH 值。

分别用 1 mol/L 的 NaOH 溶液、1 mol/L 的 HCl 溶液来调节所配制培养基的酸碱度,用 pH 试纸测定培养基的 pH 值,使其符合该实验材料的 pH 值要求。培养的材料不同,对培养基 pH 值的要求也不同。

f. 分装(每升分装 30 瓶)。

将配制并加热好的培养基分别装在事先洗净的培养瓶中,然后加盖盖好,贴上标签,注明培养基种类及配制时间。如果培养瓶瓶盖上有透气孔,注意检查瓶盖上的滤膜是否完好。

g. 灭菌。

在温度 121 ℃、压强 0.11 MPa 下持续灭菌 20 min。灭菌完成后,待压强指针降为零才能打开高压灭菌锅,取出灭菌的培养基,待其冷却。

h. 培养基的保存。

将灭过菌的培养基置于接种室或培养室中保存,不宜保存过久,最好两周内用完。

②消毒剂的配制。

实验前一天或实验当天配制所需消毒剂,根据消毒对象的数量粗略估计所需消毒剂的量,不宜配制过多,以免造成浪费。

③无菌水及接种器具准备。

实验前一天将蒸馏水或去离子水装入培养瓶或三角瓶中,所装量不超过容器容积的 1/2,在温度 121 ℃、压强 0.11 MPa 下持续高压灭菌 30 min,所得即为无菌水。无菌水需提前制备,晾凉后方能使用。

接种工具、接种盘等用废报纸包扎好,在温度 121 ℃、压强 0.11 MPa 下持续高压灭菌 30 min(也可选择其他灭菌方法)。

④外植体的采集与预处理。

提前在野外采集生长健壮、无明显病虫害的实验材料,以便预处理。将实验材料的枝条上的叶片去除,注意不要伤及腋芽,将处理好的枝条剪成含有一个节的茎段,置于流水下冲洗 2 h 以上,并用吸水纸吸干表面水分备用。

(2)无菌区内操作

①接种

a. 接种前的准备。

接种前应进行接种室消毒,用紫外线灯照射接种室 30 min,同时开启超净工作台无菌风开关,紫外线灯关闭约 20 min 后方可进接种室工作。用 75% 酒精棉球擦净双手和超净工作台。

在超净工作台上打开灭好菌的接种工具、接种盘等,接种工具如镊子和剪刀先浸泡在75%酒精中,整个过程中避免双手直接接触接种盘内部、镊子尖端、剪刀或解剖刀刀片部分等将直接接触实验材料的部位。提前将需要接种的培养基用酒精棉球擦拭后摆放在超净工作台左侧,需要使用的消毒剂用75%酒精棉球擦拭容器外壁后摆放在超净工作台左侧靠外的位置,用于盛放废液的废液缸用75%酒精棉球擦拭后摆放在超净工作台右侧靠外的位置。接种前先点燃酒精灯,灼烧镊子、剪刀等工具,然后将工具放置到搁架上晾凉备用。

b. 外植体消毒。

将剪好备用的实验材料茎段在超净工作台上用75%酒精涮洗30 s,无菌水冲洗3~5次,再用实验方案中的消毒剂浸泡一定的时间梯度(根据实验方案操作),然后用无菌水冲洗3~5次,置于无菌滤纸上吸干表面水分,将用消毒剂浸泡的茎段两端用无菌接种工具剪除,露出新鲜的组织后待接种。

c. 接种。

用在酒精灯火焰上灼烧并冷却后的镊子取出处理好的茎段,打开培养瓶瓶口,灼烧培养瓶瓶口,随后迅速将实验材料插入培养基内。灼烧瓶盖后,盖上瓶盖,完成接种操作。整个过程在酒精灯火焰旁完成。用记号笔在瓶体上写明培养基编号、接种日期、接种材料和接种人。

②培养。

在温度25±2 ℃、每天光照时间13 h、光照强度1 000 lx的条件下培养。

③观察记录。

培养3~7天后统计污染率并记录,每隔10天对培养情况进行拍照,培养30天后观察嫩枝上的腋芽是否萌发,并计算腋芽萌发率。

污染率=污染的瓶数/接种的总瓶数×100%

腋芽萌发率=已萌发的枝条数/接种的枝条总数×100%

(3)实验总结

根据污染情况、成活率推理得到消毒剂消毒的最佳时间;根据腋芽萌发情况推理得到适宜腋芽萌发的最佳培养基。

按示例的形式撰写实验报告,每人一份,并提交图片(不少于5张),实验报告应包括操作过程及实验结果。(要求:参考文献不少于5篇,教师在整个过程中仅进行指导。)[例:日本紫薇的组织培养及快繁研究(姜旭红等,2004年),如图4-1所示。]

【检测与应用】

1. 整理搜集地方蔷薇科植物名录。
2. 整理搜集蔷薇科某属植物离体培养的研究现状及进展。
3. 假如任务11-2中成功获得无菌腋芽,接下来你会怎么做,以获得大量的无菌苗?

1 植物名称 日本紫薇 (*Lagerstroemia crape*)。

2 材料类别 嫩茎。

3 培养条件 培养基：(1)1/2MS+6-BA 1.0 mg·L⁻¹ (单位下同)+KT 0.05+泛酸钙 0.1；(2)MS。以上培养基均加3%的白糖、0.7%的琼脂，pH 5.8。培养温度为(25±2)℃，光照度为2 000~3 000 lx，光照时间12 h·d⁻¹。

4 生长与分化情况

4.1 无菌材料的获得 取带芽的嫩茎，先用自来水冲洗4 h。在超净工作台上用75%的酒精浸30 s，用0.1% HgCl₂消毒10 min，无菌水冲洗3次，备用。切成1 cm长的茎段，接种于培养基(1)上。

4.2 芽的诱导 将无菌苗用无菌滤纸吸干后，接种到培养基(1)上，3周之后开始形成愈伤组织，随后发生不定芽，并形成芽丛。

4.3 增殖培养 将丛生芽或者茎段切割，接种到新鲜的培养基(1)上，2~3周之后重新长出丛生芽。长出的小芽较细嫩，芽数达15~20个·瓶⁻¹。将丛生芽或者茎段切割后再次接种到相同培养基上，芽数可达到40~50个·瓶⁻¹，即可获得大量的无根苗。

4.4 生根与移栽 壮苗培养时接种于培养基(2)上，使细嫩的小苗生长粗壮，叶色也转浓绿，3周之后，有根长出，5周之后可长出3~5条1~1.5 cm长的根，生根率达95%(图1)。将高约3 cm、根系发达的植株洗去琼脂，移栽到消毒好的蛭石中。移栽后温度保持在20~25℃，湿度90%。成活率达90%。

5 意义与进展 日本紫薇属于千屈菜科紫薇属植物，2000年从日本引进，矮生，耐低温、耐寒冷、耐干旱、耐瘠薄，适应和抗逆性强。株高30~50 cm，每年6~10月开花，花期100 d，花重瓣，深红似火，既可地栽，亦宜盆栽。日本紫薇扦插成活率不高，播种繁殖容易产生变异，采用组织培养方法可以迅速扩大种质资源，对我国园林绿化提供新优品种有积极意义。有关日本紫薇的组织培养，尚未见报道。

图1 日本紫薇的生根培养

收稿 2004-01-19 修定 2004-07-05

* 通讯作者(E-mail：sgdxx@163.net, Tel：0511-7265153)。

图 4-1

任务 12　梵净山多肉植物愈伤组织的诱导

任务 12-1　梵净山多肉植物愈伤组织的诱导——方案设计

【课前准备】

了解梵净山本地多肉植物资源。

【任务步骤】

1）布置任务

①选定梵净山某种多肉植物为实验材料,并充分论证。
②查阅相关资料,获得该实验材料的愈伤组织培养基配方。
③设计该实验材料愈伤组织诱导的方案。

2）任务目的

①掌握组织培养方案设计的流程及方法。
②让大家认识分工合作的重要性。
③熟悉植物材料愈伤组织诱导的方法。
④掌握各生长调节剂在愈伤组织诱导培养基中的作用。

3）方法和步骤

（1）确定实验材料:梵净山多肉植物自选材料

小组成员分工合作、查阅资料、充分论证实验的可行性后,确定植物材料。愈伤组织诱导主要受植物种类、基因型、外植体类型等的影响。

根据组织培养外植体的选择原则,选取合适的外植体。一般来说,对于愈伤组织诱导,幼年组织细胞比成年组织细胞容易,二倍体比单倍体容易,草本植物比木本植物容易。外植体可选用植物茎、根、叶、花、种子等器官,多肉植物的叶片、茎段等相对容易获得,可以作为外植体使用。

（2）确定培养目的及途径

在培养基上,由外植体经脱分化和细胞分裂形成的一团无序生长的薄壁细胞就是愈伤组织。大部分外植体细胞须经脱分化形成愈伤组织,才能再分化形成完整植株,只有茎尖等少数细胞只恢复为分生状态但不分裂,直接再分化。愈伤组织的诱导与分化是植物组织培养的基本

环节。

愈伤组织根据是否能形成胚状体,分为胚性愈伤组织和非胚性愈伤组织。胚性愈伤组织指的是能够形成胚状体的愈伤组织,后经胚状体阶段发育成再生植株;非胚性愈伤组织不会产生胚状体结构,后期产生不定芽、不定根,形成再生植株。(图4-2)外植体能否诱导出胚性愈伤组织在很大程度上取决于培养基中生长调节剂的种类与浓度。

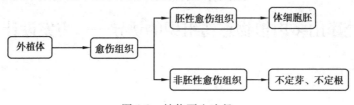

图4-2 植物再生途径

(3)制订实验方案

①消毒剂的选择和消毒时间的确定。

消毒剂包括:a.升汞;b.含氯消毒剂;c.过氧化氢;d.酒精;e.吐温;f.洗涤剂类或肥皂水。

通过查阅文献资料确定给该植物材料或相近种类植物的外植体消毒的消毒剂种类及消毒时间,消毒剂可以是一种,也可以是几种交替进行,确定消毒时间时可根据参考文献设定一个时间梯度。具体的实验设计可以以消毒剂的浓度梯度、浸泡时间梯度进行均匀设计,以污染率或成活率为参考依据,通过实验比较得出最适宜的消毒剂浓度、消毒时间的最优组合。

②培养基的设计。

通常在植物愈伤组织的诱导过程中,植物生长调节剂是重要成分。一般要在培养基中添加2,4-D、NAA、IAA、IBA、6-BA等,尤其2,4-D对植物愈伤组织的诱导有明显的促进作用,常在愈伤组织诱导培养基中添加。

有些天然附加物也对愈伤组织的诱导和维持十分有益,如椰子汁、酵母提取物、番茄汁等。

通过查阅文献资料得到该植物材料或相近种类植物的部分培养基配方,对培养基配方进行比对,首先确定基本培养基,然后确定生长调节剂的种类、用量范围等,根据正交设计原则确定因子、水平,根据正交表得到培养基的配方。也可以根据其他组合原理进行培养基的设计。

(4)撰写实验方案

根据前面的工作,撰写本实验的实施方案,含实验材料的论证、培养基的配方及配制方法、外植体的采集与预处理、消毒剂的浓度及配制方法、外植体的消毒方法(含消毒剂的浸泡时间)、接种方法等,并设计各环节记录表格。培养基的筛选可以愈伤组织的质地、生长速度、大小等作为指标。

任务12-2 梵净山多肉植物愈伤组织的诱导——方案实施

【课前准备】

植物材料:选定的多肉植物的采集及预处理。

仪器设备:超净工作台、带有吸水纸的无菌接种盘,剪刀、镊子、酒精灯、小刷子、量筒、无菌

滤纸、培养瓶、棉球、移液管(枪)。

试剂:75%酒精、1 mol/L 的 HCl 溶液、1 mol/L 的 NaOH 溶液、MS(WPM)干粉培养基或培养基母液、生长调节剂母液、琼脂粉、蔗糖、消毒剂、无菌水、蒸馏水等。

【任务步骤】

1)布置任务

①根据任务 12-1 设计的实验方案进行操作,独立配制目的培养基。
②采集外植体并消毒,通过无菌操作方法,最终获得自行选定的实验材料的愈伤组织。

2)任务目的

①掌握各种外植体消毒的一般方法和无菌接种方法。
②掌握愈伤组织的诱导方法。
③能够独立开展组织培养相关的科研和生产工作。

3)方法和步骤

(1)实验前的准备
①培养基的配制及灭菌。
a. 计算。
确定所需配制培养基的体积,再根据所设计的培养基配方分别计算配制该体积培养基所需要量取的各种母液的体积(母液法),或所需要称量的各组分干粉的质量(干粉法)、生长调节剂的体积(注意各生长调节剂母液浓度)。
b. 量取母液或称取药品。
母液法:用烧杯量取为所配培养基总体积的 1/2 左右体积的蒸馏水,根据培养基配方所计算的量,用量筒分别量取各母液的量至烧杯中,称取蔗糖及除琼脂以外的其他药品并溶解在烧杯中。
干粉法:用烧杯量取为所配培养基总体积的 1/2 左右体积的蒸馏水,根据培养基配方所计算的量,称量各培养基组分、量取相应生长调节剂的量,称取蔗糖及除琼脂以外的其他药品并溶解在烧杯中。
c. 定容。
将烧杯中的各母液倒入容量瓶,所用烧杯应用蒸馏水洗 3 次以上,清洗后的蒸馏水一并倒入容量瓶,用蒸馏水定容到所需要的体积。
d. 熬煮。
将定容好的溶液倒入培养基煮锅中,加入琼脂粉熬煮,边煮边搅拌,加热至沸腾片刻,琼脂粉充分溶解即可。
e. 调节培养基的 pH 值。
用 pH 试纸测定,分别用 1 mol/L NaOH 溶液、1 mol/L HCl 溶液来调节所配制培养基的 pH

值,所培养的材料不同,对培养基的 pH 值的要求也不同。

f. 分装。

将配制并加热好的培养基分别装进事先洗净的培养瓶中,使培养基高度达 1 cm 左右,然后加盖盖好、贴标签。注意检查瓶盖上的滤膜是否完好。

g. 灭菌。

在温度 121 ℃、压强 0.11 MPa 下持续灭菌 20 min。灭菌完成后,待压强降为零、指针指向零才能打开高压灭菌锅,取出灭好菌的培养基,冷却。

h. 培养基的保存。

将灭好菌的培养基置于接种室或培养室中保存,不宜保存过久,最好两周内用完。

②消毒剂的配制。

实验前一天配制所需消毒剂,根据消毒对象的数量粗略估计所需消毒剂的量,不宜配制过多,以免造成浪费。

③无菌水及接种器具的准备。

将蒸馏水或去离子水装入培养瓶或三角瓶中,所装容量不超过容器容积的 1/2,在温度 121 ℃、压强 0.11 MPa 下高压灭菌持续 30 min。

接种工具、接种盘等用废报纸包扎好后在温度 121 ℃、压强 0.11 MPa 下持续高压灭菌 30 min(也可选择其他灭菌方法)。

④外植体的采集与预处理。

提前采集野外生长健壮、无明显病虫害的多肉植物实验材料,如枝条、叶片等,以便预处理。将实验材料进行预处理,稍大的肉质叶片与枝条分离,较小的叶片则存留在枝条上,茎叶短小者以 1 cm 左右为一段,茎叶较长者以 1~2 节为一段。将同类型的外植体放在一起,流水下冲洗 2 h 以上。

(2)无菌区内操作

①接种操作。

a. 接种前的准备。

用紫外灯照射接种室 30 min,同时开启超净工作台无菌风开关,紫外线灯关闭约 20 min 后方可进接种室工作。用 75% 酒精棉球擦净双手和超净工作台。接种前先点燃酒精灯,镊子和剪刀要先浸泡在 75% 酒精中,整个过程中避免双手直接接触接种盘内部、镊子尖端、剪刀或解剖刀刀片部分等将直接接触实验材料的部位。提前将需要接种的培养基用 75% 酒精棉球擦拭后摆放在超净工作台左侧,需要使用的消毒剂用 75% 酒精棉球擦拭后摆放在超净工作台左侧靠外的位置,盛放废液的废液缸用 75% 酒精棉球擦拭后摆放在超净工作台右侧靠外的位置。接种前先点燃酒精灯,灼烧镊子、剪刀等工具,然后将工具放置到搁架上晾凉备用。

b. 外植体消毒。

将剪好备用的实验材料如茎段、叶片等在超净工作台上用 75% 酒精涮洗 30 s,无菌水冲洗 3~5 次,再用实验方案中的消毒剂浸泡一定的时间梯度(根据实验方案操作),无菌水冲洗 3~5 次,置于无菌滤纸上吸干表面水分,被消毒剂浸泡的组织用无菌接种工具剪除后待接种。

c. 接种。

打开培养瓶瓶口,用在酒精灯火焰上灼烧并冷却后的镊子取出处理好的植物材料,迅速将材料接种至培养基内,保持切口处接触培养基。每瓶培养基接种 1 个组织块,避免交叉污染。

在酒精灯火焰旁盖上瓶盖,完成接种操作。用记号笔在瓶体上写明培养基编号、接种日期、接种材料和接种人。

也可以先培养得到无菌材料,再用无菌材料进行愈伤组织的诱导。

②培养。

在25±2 ℃的培养室内暗培养。

③观察记录。

培养3~7天后统计污染率并记录,每隔10天对培养情况进行拍照、记录;培养20天后观察是否有愈伤组织发生及愈伤组织的大小;培养30天后统计愈伤组织诱导率,愈伤组织的质地、大小等。

污染率=污染的瓶数/接种的总瓶数×100%

愈伤组织诱导率(出愈率)=诱导出愈伤组织的外植体数/接种的外植体总数(无菌)×100%

(3)实验总结

根据污染情况、成活率等统计数据,分析得到消毒剂消毒的最佳时长;根据愈伤组织诱导情况,分析得到适宜愈伤组织诱导的最佳培养基。

按示例的形式撰写实验报告,每人一份,并提交过程图片(不少于5张),实验报告包括外植体母株、准备过程、操作过程及实验结果。要求参考文献不少于5篇。[例:十二卷属植物西山寿的组织培养与快速繁殖(宋晓涛等,2007年),如图4-3所示。]

1 植物名称 十二卷属植物西山寿(*Haworthia mutica* var. *nigra* M. B. Bayer)

2 材料类别 成年西山寿的春生花茎子房部位。材料来自日本奈良多肉植物研究会。

3 培养条件 (1)启动培养基:MS+6-BA 2.0 mg·L⁻¹(单位同下)+NAA 0.2;(2)分化培养基:MS+6-BA 1.0+KT 1.0+NAA 0.1;(3)继代与增殖培养基:MS+6-BA 0.5+KT 1.0;(4)壮苗培养基:MS+NAA 0.1。以上培养基均加入3%蔗糖和0.7%琼脂,pH 5.8。培养温度为(25±2) ℃,光照时间8 h·d⁻¹,光照强度约为40 μmol·m⁻²·s⁻¹。

4 生长与分化情况

4.1 无菌材料的获得 选取温室内栽种植株的春生花茎,保留有花蕾的部分经流水冲洗30 min以上,超净台内以0.1% $HgCl_2$溶液(加入Tween-20 1滴)消毒7 min,无菌水再冲洗6次。将消毒的材料置于无菌滤纸上,分离每个花蕾的子房组织作为外植体。

4.2 启动培养 将西山寿的外植体接入启动培养基(1)上,21 d后,花子房部或花茎截面逐渐膨大;40 d后,膨胀形成球状愈伤组织,增殖速度较快,周边可见淡绿色或黄色愈伤组织长出。此时也有部分外植体直接分化出单个芽,分离这样的芽可直接用于继代培养。

4.3 分化培养 分离愈伤组织的深绿色部分转入分化培养基(2)中,30~40 d后愈伤组织上绿色较深部位开始分化,逐渐形成很多绿色芽点;再经过15 d后,芽点部位形成丛生芽,丛生芽分辨出较明显的叶片时,将其分割用于继代培养。

4.4 芽的增殖 将上述培养物转入增殖培养基(3)上,大约30 d后,各瓶都可以形成丛生苗(图1)。将苗丛分割后转入新培养基上增殖,芽基部几无愈伤组织,植株易分离,每瓶可形成有确定形态的苗10个左右。在此过程中光照强度降至20 μmol·m⁻²·s⁻¹,光照时间不变,保证繁殖系数,继代周期为25 d,繁殖系数可达到3~4倍。

图1 西山寿的增殖

4.5 壮苗 在增殖培养基(3)上的苗由于光照强度下降而表现得很纤细,因此将苗分为单个,转入生根培养基(4)中培养1~2个月,这样的苗生长较快且健壮,幼苗新生叶片顶端可以形成此品种所特有的"窗",表明壮苗成功。在转入生根培养基后,光照强度增大到60 μmol·m⁻²·s⁻¹,并补充散射阳光,部分壮苗叶的"窗"部位泛红,表明苗符合原产地的生理特征。

收稿 2007-04-23 修定 2007-09-04

* 通讯作者(E-mail: Briskair@gmail.com; Tel: 022-23500561)。

图4-3

【知识点】多肉植物组织培养

多肉植物具有较肥大的根、茎、叶等器官,薄壁组织相对发达,含有大量水分和营养物质,故在外观上多呈现出肥厚、多浆的特点,其在园艺上亦被称为多浆植物。其因造型奇特、种类繁多、多数小巧玲珑、颜色鲜艳、易于生长,近年来广受消费者热捧,目前市场上较常见的多肉植物有景天科(*Crassulaceae*)、菊科(*Asteraceae*)、番杏科(*Aizoaceae*)、龙舌兰科(*Agavaceae*)、大戟科(*Euphorbiaceae*)、百合科(*Liliaceae*)、阿福花科(*Asphodelaceae*)、夹竹桃科(*Apocynaceae*)、天门冬科(*Asparagaceae*)、仙人掌科(*Cactaceae*)等的植物。随着多肉植物在园艺市场占有率的不断扩大,多肉植物的品种也不断丰富起来。由于品相和株型各异、繁育技术有差异,常出现稀有多肉植物品种价格奇高的局面。传统繁育技术容易造成多肉植物品相退化且繁育时间过长等问题,因此,多肉植物的组织培养成为目前的研究热点。

1) 多肉植物外植体的取材季节

多肉植物外植体的取材季节与自然生长规律应一致,一般在其生长旺盛的春季取材更有利于脱分化的进行。

刘与明、张淑娟(2012年)研究发现,对于龙舌兰科、百合科植物,可在春季生长季节取优良母株新萌发的1~3 cm的幼嫩侧芽或切取其幼嫩的叶片,一些没有侧芽的珍稀名贵品种的母株则可等待植株开花期间取其较充实的花梗;景天科植物取其母株的幼嫩枝条作为外植体。夏季休眠期,一些品种不适合取材,此季节的外植体在培养基中常对生长调节剂反应迟钝、生长静止,不易培养成功。

2) 多肉植物外植体的选择及消毒灭菌

(1) 外植体的选择

选择合适的外植体是组织培养成功的首要条件,外植体种类的选择直接影响组织培养的效果。选择外植体时需要考虑培养目的、外植体的培养能力及取材是否会对母株造成影响等。研究表明,在多肉植物的组织培养过程中,选择的外植体不同,愈伤组织的诱导率有很大差异。多肉植物芽、叶片和花茎均能作为外植体进行再生植株诱导,但是它们各有缺点。芽尤其是顶芽,数量较少且取材时会对母株造成影响。叶片和花茎作为外植体虽不会对植株观赏部位造成损伤,但是叶片由于含水量高,在灭菌后存活率受到一定影响;而花茎只存在于花期,取材时间比较局限,母本植物开花具有季节性且需要生长到一定年限才能开花(高天舒,2018年)。

因此,在多肉植物组织培养中最适外植体的选择还需要根据多肉种类和实际情况而定。如芦荟适合选用顶芽和侧芽为外植体,诱导再生植株(吕复兵等,2000年;丰锋,2004年);对白银寿品种"奇迹"的花葶和花蕾进行离体培养,得出分化能力强弱的顺序为未发育子房>花葶上部>花葶中部及下部(王紫珊等,2014年);狭叶红景天(李建民等,2004年)、八宝景天(张晓艳等,2007年)和瓦松(苏瑞军等,2014年)可用叶片成功构建相应的再生体系。珍稀名贵的多肉植物往往不易繁殖或繁殖系数很低,若取其茎尖进行培养,必然要损伤或损坏母本植物(刘与明、张淑娟,2012年),而选取的部位既不能损坏母本植物又要能诱导成功,因此可考虑以侧芽和健

壮的花梗部分作为外植体。

有人用百合科植物新生侧芽、种子、花葶(宋扬,2014 年;高越等,2010 年)、花序和叶片作为外植体成功进行了离体培养,但是这种方法或多或少地存在着局限性,如新生芽发生在根部、灭菌效果差、容易污染;种子属杂交产物,获得的种苗与母本相比变异较大。相比来说,叶片分生能力弱、分化周期长,但愈伤组织诱导率和分化培养率高,可以建立快繁体系;花序为最适外植体,取材方便、不伤害母本、灭菌效果好,愈伤组织诱导率和丛生芽分化率高,获得的种苗完全保留了母本的优良性状(黄清俊、丁雨龙,2003 年)。因此百合科十二卷属多肉植物的组织培养通常以花序和叶片为外植体,且诱导成功率相对较高(任倩倩等,2019 年)。

(2)外植体材料的消毒

外植体的消毒灭菌是植物组织培养工作的第二步,它要求既彻底杀死外植体表面的微生物,又尽可能减少对外植体组织及表层细胞的伤害。常用的灭菌剂有酒精、升汞、次氯酸盐(常用次氯酸钠)等,需根据植物生长环境、取材部位、取材时间等因素选择消毒剂和确定消毒时间。目前,多肉植物外植体消毒比较常用的方法是70% ~75% 酒精与 0.1% 升汞以不同的时间组合对外植体进行消毒。具体操作如下:

切取多肉植物幼嫩的侧芽或花梗、茎段、叶片等,用肥皂水或洗洁精轻轻洗涤(尽可能不弄伤组织),在自来水下冲洗干净之后于超净工作台上用75% 酒精浸泡数秒,再用 0.1% 升汞处理10 ~30 min,而后用无菌水冲洗 5 ~6 遍,每遍 1 ~2 min,冲洗之后用无菌滤纸吸干水分就可以在无菌条件下操作,用解剖刀切取所需培养材料,以无菌操作植入初代诱导培养基中培养。这种消毒方法很适合各类多肉植物,灭菌效果好,获得无菌材料的成功率较高。不同品种在消毒处理时间上的差别主要跟材料组织表面的革质化程度相关,较幼嫩材料的消毒处理时间需较短,否则植物细胞易被杀死。

3)基本培养基

不同外植体及其不同生长发育阶段所需的培养基成分不相同,如在诱导分化愈伤组织及不定芽、继代培养和增殖培养等阶段,对培养基的要求不尽相同。郭生虎等(2016 年)在对玉露的组培快繁试验中以花序为外植体,得出适合玉露离体快繁的技术体系中最佳愈伤组织诱导及分化培养的基本培养基为 MS 培养基。何佳越等(2017 年)在帝玉露组培快繁试验中,以不同成熟度的叶片为外植体进行愈伤组织的诱导、增殖时所采用的基本培养基也是 MS 培养基,众多研究表明,多肉植物的基本培养基以 MS 培养基为最佳。

4)生长调节剂配比对多肉植物组织培养的影响

生长调节剂的种类和浓度配比对多肉植物愈伤组织的诱导、分化和形成速度有显著的影响。生长调节剂的种类和浓度配比需根据培养目的和植物种类而定,多肉植物培养常用的生长调节剂主要是 6-BA、NAA 和 IBA。如表 4-3 是常见的多肉植物愈伤组织及其分化培养基的生长调节剂配比。

表 4-3 各种多肉植物组织培养的培养基配方

植物名称	拉丁名	外植体类型	培养基		
			愈伤组织诱导培养基	分化培养基	生根培养基
冰灯玉露	*Haworthia cooperi var. pilifera*	花茎	$MS+6\text{-}BA_{3.0\ mg/L}+NAA_{0.2\ mg/L}$	$MS+6\text{-}BA_{1.0\ mg/L}+NAA_{0.2\ mg/L}$	$1/2MS+6\text{-}BA_{0.2\ mg/L}+IBA_{2.0\ mg/L}$
八宝景天	*Sedum spectabile*	叶片	$MS+6\text{-}BA_{2.0\ mg/L}+NAA_{1.0\ mg/L}$	$MS+6\text{-}BA_{2.0\ mg/L}+NAA_{0.1\ mg/L}$	$1/2MS+IBA_{1.0\ mg/L}$
白银寿	*Haworthia emelyae var. emelyae.*	花茎子房	$MS+6\text{-}BA_{2.0\ mg/L}+KT_{1.0\ mg/L}+NAA_{0.2\ mg/L}$	$MS+6\text{-}BA_{0.5\ mg/L}+KT_{1.0\ mg/L}+NAA_{0.05\ mg/L}$	$1/2MS+DPU_{1.0\ mg/L}+NAA_{0.2\ mg/L}$
点纹十二卷	*Haworthia margaritfera*	侧芽	$MS+6\text{-}BA_{2.0\ mg/L}+NAA_{0.01\ mg/L}$	$MS+6\text{-}BA_{1.5\ mg/L}+NAA_{0.01\ mg/L}$	$1/2MS+NAA_{0.1\ mg/L}+IBA_{0.1\ mg/L}$
吹雪松	*Anacampseros arachnoides*	茎段	$MS+2,4\text{-}D_{2.0\ mg/L}+6\text{-}BA_{0.5\ mg/L}$	$MS+6\text{-}BA_{0.5\ mg/L}+NAA_{0.1\ mg/L}$	$1/2MS+NAA_{0.5\sim1.0\ mg/L}$
劳尔	*Sedum clavatum*	叶片	$MS+6\text{-}BA_{3.0\ mg/L}+NAA_{0.1\ mg/L}+KT_{1.0\ mg/L}$	$3/4MS+6\text{-}BA_{3.0\ mg/L}+NAA_{0.3\ mg/L}$	$1/2MS+NAA_{0.03\ mg/L}$
风铃玉	*Ophthalmophyllum friedrichiae*	叶片	$MS+6\text{-}BA_{0.2\ mg/L}+NAA_{0.2\ mg/L}$	$MS+6\text{-}BA_{0.2\ mg/L}+IBA_{0.02\ mg/L}$	$1/2MS+IBA_{0.1\ mg/L}$
库拉索芦荟	*Aloe vera*	顶芽或无木质化的茎段	$MS+6\text{-}BA_{2.0\ mg/L}+NAA_{0.2\ mg/L}$	$MS+6\text{-}BA_{1.0\ mg/L}+NAA_{0.1\sim0.2\ mg/L}$	$1/10MS+NAA_{0.2\ mg/L}$
水晶掌	*Haworthia cymb-iformis*	叶片	$MS+6\text{-}BA_{3.0\ mg/L}+NAA_{0.3\ mg/L}$	$MS+6\text{-}BA_{3.0\ mg/L}+NAA_{0.2\ mg/L}$	$1/2MS+IBA_{1.0\ mg/L}$
玉露	*Haworthia cooperi var. pilfera*	花茎	$MS+6\text{-}BA_{1.0\ mg/L}+NAA_{0.1\ mg/L}$	$MS+6\text{-}BA_{0.5\ mg/L}+NAA_{0.1\ mg/L}$	$1/2MS+NAA_{0.1\ mg/L}$
桃美人	*Pachyphytum "Blue Haze"*	叶片	$MS+6\text{-}BA_{1.5\ mg/L}+NAA_{1.0\ mg/L}$	$MS+6\text{-}BA_{3.0\ mg/L}$	$1/2MS+6\text{-}BA_{3.0\ mg/L}$

5）外植体褐变和玻璃化的预防措施

植物组织中含有多酚氧化酶（PPO），作用于酚类物质会形成醌，引起外植体切口处出现褐变。因此，能否有效地控制外植体褐变是影响组培快繁成败的关键步骤。适当遮光、最大限度地减少外植体的切口面积、保持切口平整可在一定程度上减少褐变现象的发生。

在组织培养的诱导和分化过程中，愈伤组织和丛生芽经常会出现玻璃化现象，进而导致组培快繁失败，这也是组织培养过程中的关键步骤。玻璃化又称过度水化，与外植体的选择、基本培养基的酸碱度、生长调节剂的选择和浓度、外界培养条件中的光照条件和温度等有关。当6-

BA 浓度较高时玻璃化现象较严重;当6-BA≤0.5 mg/L、NAA 浓度为0.01 mg/L 时,能缓解十二卷属多肉植物的玻璃化问题(任倩倩等,2019 年),有利于保持愈伤组织的增殖活力。

【检测与应用】

1. 整理搜集地方多肉植物名录。

2. 整理搜集多肉植物离体培养的研究现状及进展。

3. 假如在任务 12-2 中成功获得愈伤组织,接下来你会怎么做,以获得大量的无菌苗?

任务 13　梵净山菊科植物丛生芽的诱导

任务 13-1　梵净山菊科植物丛生芽的诱导——方案设计

【课前准备】

了解梵净山本地菊科植物资源。

【任务步骤】

1）布置任务

①选定梵净山菊科植物某种为实验材料并充分论证。
②查阅相关资料,获得该实验材料的丛生芽诱导培养基配方。
③设计该实验材料丛生芽诱导方案。

2）任务目的

①掌握组织培养方案设计的流程及方法。
②让大家认识分工合作、团结协作的重要性。
③熟悉植物材料丛生芽诱导的方法。
④掌握生长调节剂在丛生芽诱导培养基中的作用。

3）方法和步骤

(1)确定实验材料:梵净山菊科观赏植物自选材料

小组成员分工合作、查阅资料、充分论证实验的可行性后,确定植物材料。不是所有品种和细胞都能再生出植株,不同组织受基因型和外植体所处的分化程度、生理状态和外界条件尤其是外源激素和一些添加物的影响而表现出不同的再生能力,其中基因型是影响菊科植物外植体再生的重要因素。不同种及品种植物的再生能力及对外源激素的反应有很大差异。

根据组织培养外植体的选择原则选取合适的外植体。一般来说,丛生芽的诱导采用顶芽或侧芽作为外植体,也可用叶柄、叶片、花蕾等作为外植体。

（2）确定培养目的与途径

丛生芽是芽苗极度短缩的小灌木丛状结构,可由外植体直接诱导得到,这种途径称为器官型或直接诱导途径;或者经由愈伤组织阶段,由愈伤组织发育形成不定芽丛,再经过发育可直接形成小植株,这种途径称为器官发生型或愈伤组织诱导途径。（图4-4）

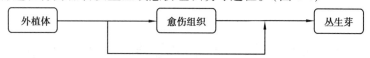

图4-4　丛生芽的获得途径

丛生芽可由侧芽或茎尖的外植体诱导而来,含有外源细胞分裂素的培养基可促使顶芽或侧芽萌动,形成微型的多枝多芽的灌丛结构。

（3）制订实验方案

①消毒剂的选择和消毒时间的确定。

消毒剂包括:a. 升汞;b. 含氯消毒剂;c. 过氧化氢;d. 酒精;e. 吐温;f. 洗涤剂类或肥皂水。

通过查阅文献资料确定给该植物材料或相近种类植物的外植体消毒的消毒剂及消毒时间,消毒剂可以是一种,也可以是几种交替进行,消毒时间可根据参考文献设定一个时间梯度。具体的实验可以以消毒剂的浓度梯度、浸泡时间梯度进行均匀设计,以污染率或成活率为参考依据,通过实验比较得出最适宜的消毒剂浓度、消毒时间的最优组合。考虑到升汞对环境的污染及难以去除等特点,选用消毒剂时尽量避免使用升汞。

菊科植物体表多具毛,预处理时尽量剪除叶片部分,并用洗衣粉或肥皂水浸泡后流水冲洗。

②培养基的设计。

丛生芽的诱导可以通过培养基中细胞分裂素/生长素的不同比值实现,一般来说比值高有利于丛生芽的诱导,比值低有利于生根诱导。丛生芽的增殖培养基可以与诱导培养基相同,也可以与之不同。一般认为一旦诱导启动,可以通过更低激素浓度达到增殖的目的。

通常在植物愈伤组织的诱导过程中植物生长调节剂是重要成分。一般要在培养基中添加2,4-D、NAA、IAA、IBA、6-BA 等,尤其2,4-D 对于植物愈伤组织的诱导有明显的促进作用,常在愈伤组织诱导培养基中添加。有些天然物也对愈伤组织的诱导和维持十分有益,如椰子汁、酵母提取物、番茄汁等。在愈伤组织中诱导不定芽丛发生（即为丛生芽状态）,可在分化培养基上添加较高浓度的细胞分裂素和较低浓度的生长素,诱导不定芽的发生。

通过查阅文献资料得到该植物材料或相近种类植物的部分培养基配方,对培养基配方进行比对,首先确定基本培养基,然后确定生长调节剂的种类、用量范围等,根据正交设计原则确定因子、水平,根据正交表得到培养基的配方。也可以根据其他组合原理进行培养基的设计。

（4）撰写实验方案

根据前面的工作,撰写本实验的实施方案,包含实验材料的论证、培养基的配方及配制方法、外植体的采集与预处理、消毒剂的浓度及配制方法、外植体的消毒方法（含消毒剂的浸泡时间）、接种方法等,并设计各环节记录表格即最佳条件筛选的指标,如消毒剂及消毒时间可根据成活率、污染率等确定,培养基可根据芽诱导率、单芽总数、增殖系数、单芽生长情况等筛选。

污染率=污染的外植体数/接种总外植体数×100%

成活率=成活的外植体数/接种总外植体数×100%

芽诱导率=诱导出芽的外植体数/接种总外植体数×100%

植物组织培养技术

单芽总数=培养 30 天后瓶内有效单芽总数

增殖系数=增殖培养后瓶内总芽数/接种时的总芽数

有效芽率=有效芽数(株高≥1.0 cm)/增殖 30 天后瓶内总芽数×100％

株高(cm)=试管苗基部至顶芽的长度

任务 13-2　梵净山菊科植物丛生芽的诱导——方案实施

【课前准备】

植物材料:菊科观赏植物的采集及预处理。

仪器设备:超净工作台、带无菌滤纸的无菌接种盘,剪刀、镊子、酒精灯、小刷子、量筒、无菌滤纸、培养瓶、棉球、移液管(枪)。

试剂:75％酒精、1 mol/L 的 HCl 溶液、1 mol/L 的 NaOH 溶液、MS(WPM)干粉培养基或培养基母液、生长调节剂母液、琼脂粉、蔗糖、消毒剂、无菌水、蒸馏水等。

【任务步骤】

1)布置任务

①根据任务 13-1 所设计的实验方案进行操作,独立配制目的培养基。

②采集外植体并消毒,通过无菌操作方法,最终获得自行选定植物材料的丛生芽。

2)任务目的

①掌握各种外植体消毒的一般方法和无菌接种方法。

②掌握丛生芽的诱导方法。

③培养独立开展组织培养相关科研和生产工作的能力。

3)方法和步骤

(1)实验前的准备

①培养基的配制与灭菌。

a.计算。

确定所需配制培养基的体积,再根据所设计的培养基配方分别计算配制该体积培养基所需要取的各种母液体积(母液法)(母液倍数同任务 2-2)或所需要称量的各组分干粉质量(干粉法)、生长调节剂体积(各生长调节剂母液浓度均为 100 mg/L)。

b.量取母液或称取药品(含可高温灭菌的生长调节剂)。

母液法:用烧杯量取为所配培养基总体积的 1/2 左右体积的蒸馏水,根据培养基配方所计算的量,用量筒分别量取各母液的量至烧杯中,称取蔗糖及除琼脂以外的其他药品并溶解在烧

杯中。

干粉法:用烧杯量取为所配培养基总体积的 1/2 左右体积的蒸馏水,根据培养基配方所计算的量,称量各培养基组分、量取相应生长调节剂的量,称取蔗糖及除琼脂以外的其他药品并溶解在烧杯中。

c. 定容。

将烧杯中的各母液倒入容量瓶,烧杯应用蒸馏水洗 3 次以上,用蒸馏水定容到所需要的体积。

d. 熬煮。

将定容好的溶液倒入培养基煮锅中,加入琼脂粉熬煮,边煮边搅拌,加热至沸腾片刻,琼脂粉充分溶解即可。

e. 调节培养基的 pH 值。

用 pH 试纸测定,分别用 1 mol/L 的 NaOH 溶液、1 mol/L 的 HCl 溶液来调节所配制培养基的 pH 值,培养的材料不同,对培养基的 pH 值要求也不同。

f. 分装(每升分装 30 瓶)。

将配制并加热好的培养基分别装在事先洗净的培养瓶中,然后加盖盖好,贴上标签。注意检查瓶盖上的滤膜是否完好。

g. 灭菌。

在温度 121 ℃、压强 0.11 MPa 下持续灭菌 20 min。灭菌完成,待压强降为零后才能打开高压灭菌锅,取出灭好菌的培养基,冷却。

h. 培养基的保存。

消毒过的培养基置于接种室或培养室中保存,不宜保存过久,最好两周内用完。

注:不能使用高温灭菌的生长调节剂种类需在培养基灭菌后再使用细菌过滤器添加,这种情况下对培养基先不进行分装,待灭菌完成、添加生长调节剂后再将培养基分装在已经灭菌的培养瓶中,整个操作过程要在超净工作台上完成。

②消毒剂的配制。

实验前提前一天配制所需消毒剂,根据消毒对象的数量粗略估计所需消毒剂的数量,不宜配制过多,以免造成浪费。含氯消毒剂需现配现用。

③无菌水及接种器具的准备。

将蒸馏水或去离子水装入培养瓶或三角瓶中,所装容量不超过容积的 1/2,在温度 121 ℃、压强 0.11 MPa 下持续高压灭菌 30 min。

接种工具、接种盘等用废报纸包扎好后在温度 121 ℃、压强 0.11 MPa 下持续高压灭菌 30 min(也可选择其他灭菌方法)。

④外植体的采集与预处理。

提前在野外采集生长健壮、无明显病虫害的实验材料枝条,将实验材料进行预处理,切分成每段含 1 个节的茎段,将含顶芽和侧芽的茎段分别处理,流水下冲洗 2 h 以上。

(2)无菌区内操作

①接种操作。

a. 接种前的准备。

进行接种室消毒,用紫外线灯照射 30 min,同时开启超净工作台无菌风开关,地面用低浓度

的来苏尔溶液消毒,紫外线灯关闭约 20 min 后方可进接种室工作。用 75% 酒精棉球擦净双手和超净工作台。接种前先点燃酒精灯,镊子和剪刀都要先浸泡在 75% 酒精中。提前将需要接种的培养基用 75% 酒精棉球擦洗后摆放在超净工作台上。

b. 外植体消毒。

将剪好备用的实验材料茎段在超净工作台上用 75% 酒精涮洗 30 s,无菌水冲洗 3 ~ 5 次,再用实验方案中的消毒剂浸泡一定的时间梯度(根据实验方案操作),无菌水冲洗 3 ~ 5 次,置于无菌滤纸上吸干表面水分,将被消毒剂浸泡的组织用无菌接种工具剪除后待接种。

c. 接种。

用在酒精灯火焰上灼烧并冷却后的镊子取出处理好的植物材料,迅速打开培养瓶瓶口,将材料接种至培养基内,保持切口处接触培养基。为了避免交叉污染,每瓶培养基中只接种 1 个茎段。在酒精灯火焰旁盖上瓶盖,完成接种操作。用记号笔在瓶体上写明培养基编号、接种日期、接种材料和接种人。

也可以先培养得到无菌芽体,再用无菌芽体进行丛生芽的诱导,如果采用无菌芽体进行诱导,可在每瓶培养基中接种 3 ~ 4 个茎段。

②培养。

在 25±2 ℃的培养室内培养,光照强度为 2 000 ~ 3 000 lx,每天光照时间为 12 h。

③观察记录。

培养 3 ~ 7 天后统计污染率并记录,每隔 10 天对培养情况进行拍照,培养 20 天后观察是否有不定芽发生及不定芽的数量、生长情况等,培养 30 天后统计各指标。

污染率=污染的外植体数/接种总外植体数×100%

成活率=成活的外植体数/接种总外植体数×100%

芽诱导率=诱导出芽的外植体数/接种总外植体数×100%

单芽总数=培养 30 天后瓶内有效单芽总数

增殖系数=增殖培养后瓶内总芽数/接种时的总芽数

有效芽率=有效芽数(株高≥1.0 cm)/增殖 30 天后瓶内总芽数×100%

株高(cm)=试管苗基部至顶芽的长度

(3)实验总结

根据污染情况、成活率统计,分析得到消毒剂消毒的最佳时长;根据丛生芽诱导情况,分析得到适宜丛生芽诱导的最佳培养基。

按示例的形式撰写实验报告,每人一份,并提交图片(不少于 6 张),实验报告包括植物材料母株、操作过程及实验结果。要求参考文献不少于 5 篇。[例:水芹组织培养与快繁(董玲等,2003 年),如图 4-5 所示。]

【检测与应用】

1. 整理搜集地方菊科观赏植物名录。

2. 整理搜集菊科某属植物离体培养的研究现状及进展。

3. 假如在任务 13-2 中成功获得丛生芽,在移栽前还需要在培养室内完成哪些环节以提高移栽成活率?

1 植物名称 水芹(*Oenanthe stolonifera*),又名楚葵。

2 材料类别 基部带有叶芽的短缩茎段。

3 培养条件 诱导丛生芽培养基: (1)MS+6 BA 2 mg·L⁻¹(单位同下) ; (2)MS+6 BA 4; (3)MS+6 BA 6;继代培养基: (4)MS+6 BA 2; (5)MS+6 BA 3;诱导生根培养基: (6)MS+IBA 1。以上培养基均加入2%蔗糖、0.7%琼脂,pH 5.8。培养温度15~25℃,光照时间12 h·d⁻¹,光照度2 000 lx。

4 生长与分化情况

4.1 芽诱导与增殖 从田间取水芹种株,用清水冲洗附着泥土,剪除大部分叶片和老叶柄的中上部,清理干净,室内进行水养7~10 d备用,期间喷洒新洁而灭等消毒剂2~3次。将预处理的水芹,剥取各层叶柄,从基部剪取带有叶芽的短缩茎段,先用自来水清洗后,用0.1%升汞消毒10 min,之后用无菌水冲洗3~4次。在显微镜下剥取0.2~0.4 mm大小的茎尖,分别放入诱导培养基(1)、(2)、(3)中进行培养,每种培养基接种50瓶,每瓶接茎尖5个。结果表明培养基(2)效果最好,成苗率82%,茎尖在此培养基中培养30 d后开始转绿并抽出新叶,50~60 d后长成苗;在培养基(1)上茎尖不启动;培养基(3)上成苗率60%,茎尖转绿较迟,50 d左右茎尖开始转绿,65 d形成水芹试管苗或芽丛。将分化形成的苗或芽丛转接到增殖培养基(4)或(5)进行增殖,40 d后,分别形成苗平均5和6.2株;50 d为6.5和7.5株。50 d时苗高2~5 cm,培养基(4)和(5)培养增殖效果差异不大,在培养基(4)上植株生长较正常,培养基(5)上增殖数稍大但苗矮小,丛状小苗不利于过渡生根培养,因此生根前最好用培养基(4)。增殖培养每20 d可转接继代1次,增殖出大量的健壮试管苗。

4.2 根的诱导 移栽期前20~25 d便可进行生根培养。将增殖后的丛生苗分株置入培养基(6)上进行生根培养,7~10 d时分化苗开始生根,20~25 d后植株健壮,叶色深绿,根系白或淡绿色,根系3~5 cm长,即可进行炼苗移栽。

4.3 试管苗的炼苗与移栽 水芹炼苗、移栽成活的关键是要保证叶片不失水,因此开盖炼苗时需要向瓶中加水,炼苗室室温15~18℃。炼苗2~3 d后可移栽至蛭石和珍珠岩(32)基质中,早期注意勤喷水和遮阳,成活后进行常规管理。移栽成活率可达95%以上。4—5月份可将组培苗进行定植,作为原种母株扩繁或直接用于大田生产。

5 意义与进展 水芹是水生宿根草本,在我国中南部各省均有分布。水芹以嫩茎和叶柄供食用,营养丰富,且具有退热、解毒、清洁血液、降低血糖之功效。每年11月至翌年3月采收,采收期长且正值春节前后,经济效益好。庐江水芹是安徽著名的特产蔬菜,植株生长势强,分株早,茎叶含粗纤维少,产品有香味,尤其是冬季所产"芹芽",茎白脆嫩,味美质优,深受市场青睐。水芹多是花而不实,种子发育不良,采收困难,生产上都采用分株繁殖,每亩需用种苗300~500 kg,需种量大,繁殖系数低,且长期无性繁殖会导致种性退化,限制了水芹栽培面积的扩大和产量的提高,部分地区产量下降幅度大。水芹组培与快繁的成功,实现了低成本组培苗周年供种,可克服其留种困难、分株繁殖用种量过大、种性退化的难题,现已在安徽庐江芹芽产地规模化应用于生产。生产应用证明组培苗较普通苗繁殖系数提高5倍以上,当年产量可提高30%~50%,对品种交换及远距离引种也很便利。水芹的组培与快繁未见报道。

收稿 2002-10-14 　　修定 2002-12-12
资助 安徽省计委高新技术产业化项目。
* E-mail: dlaaas@yahoo.com, Tel: 0551-5147407

图4-5

任务 14　梵净山兰科植物的组织培养

任务 14-1　梵净山兰科植物的离体快繁——方案设计

【课前准备】

了解梵净山本地兰科植物资源。

【任务步骤】

1)布置任务

①选定梵净山兰科植物某种为实验材料并充分论证。
②查阅相关资料,获得该实验材料的原球茎诱导培养基配方。
③设计该实验材料原球茎诱导的方案。

2)任务目的

①掌握组织培养方案设计的流程及方法。
②让大家认识分工合作、团结协作的重要性。
③熟悉兰科植物原球茎诱导的方法。
④掌握生长调节剂在丛生芽诱导培养基中的作用。

3)方法和步骤

(1)确定实验材料:梵净山兰科植物自选材料
小组成员分工合作、查阅资料、充分论证实验的可行性后,确定植物材料。
根据组织培养外植体的选择原则选取合适的外植体。兰科植物的茎尖、种子、胚、幼叶、花梗、花梗腋芽、茎段、根段均可作为外植体,其中种子小、数量多,故种子的无菌播种可操作性强,种子的萌发率与果实的采集时间有关。
(2)确定培养目的与途径
现在快速繁殖兰科植物的方法一是原球茎途径,二是丛生芽途径。
不论以何种器官(包括种子)为外植体,兰花组织培养基本都可以通过这样的再生途径进行:外植体—(愈伤组织)—原球茎—丛生原球茎—分化成苗。也可经种子无菌播种萌发,直接长成无菌幼苗。丛生芽途径一般采用茎尖、侧芽、叶片等作为外植体,直接诱导丛生芽或不定芽。本节任务主要以原球茎途径为方法。

（3）制订实验方案

①外植体的选取。

原球茎途径可选用种子、茎尖、茎段、叶片、根段、花梗、花茎、胚等几乎所有器官作为外植体。丛生芽途径可采用茎尖、侧芽、叶片等作为外植体，直接诱导丛生芽或不定芽。

应选取健壮、无病虫害的植株的器官作为外植体。

②消毒剂的选择和消毒时间的确定。

消毒剂包括：a. 升汞；b. 含氯消毒剂；c. 过氧化氢；d. 酒精；e. 吐温；f. 洗涤剂类或肥皂水。

通过查阅文献资料确定给该植物材料或相近种类植物的外植体消毒的消毒剂及消毒时间，消毒剂可以是一种，也可以是几种交替进行，消毒时间可根据参考文献设定一个时间梯度。具体的实验可以以消毒剂的浓度梯度、浸泡时间梯度进行均匀设计，以污染率或成活率为参考依据，通过实验比较得出最适宜的消毒剂浓度、消毒时间的最优组合。考虑到升汞对环境的污染及难以去除等特点，选用消毒剂时尽量避免使用升汞。

③培养基的设计。

目前成功应用于原球茎/类原球茎增殖与分化的生长调节剂有 6-BA、KT、NAA、IAA、IBA、ABA 和 GA₃ 等，2,4-D 通常被认为对原球茎的诱导不利，不被添加。原球茎的诱导可以通过培养基中细胞分裂素与生长素的不同比值实现，一般来说比值高有利于原球茎的诱导。

常用于原球茎诱导的有机添加物有水解酪蛋白（CH）、马铃薯、香蕉、苹果和椰乳（或椰汁）等。马铃薯的用量为 5% ～20%，香蕉的用量为 100 ～200 mg/L，椰乳的用量为 100 mg/L，椰汁的用量为 10% ～20%，它们分别对原球茎的增殖、分化有一定的促进作用。

活性炭在兰科植物组织培养中被广泛应用，因其具有强大的吸附能力，因此可以防止植物酚类物质的排泄和褐化，减轻褐变老化现象，对形态发生和器官形成有良好的效果，同时活性炭还有利于植物生长、生根。活性炭浓度为 2 ～3 g/L 时对原球茎增殖有促进作用且愈伤组织增多，在培养基中可适当加入活性炭，这有助于减轻原球茎培养时的褐化程度。

通过查阅文献资料得到该植物材料或相近种类植物的部分培养基配方，对培养基配方进行比对，首先确定基本培养基，然后确定生长调节剂的种类、用量范围等，根据正交设计原则确定因子、水平，根据正交表得到培养基的配方。也可以根据其他组合原理进行培养基的设计。

④驯化移栽。

a. 驯化炼苗方法的确定。

b. 移栽基质及栽培管理。根据所选植物的生态习性，选择与原生境相似的基质。

（4）撰写实验方案

根据前面的工作，撰写本实验的实施方案，包含实验材料的论证、培养基的配方及配制方法、外植体的采集与预处理、消毒剂的浓度与配制方法、外植体的消毒方法（含消毒剂的浸泡时间）、接种方法等，并设计各环节记录表格即最佳条件筛选的指标，如消毒剂及消毒时间的确定可根据成活率、污染率等，培养基的筛选可根据种子萌发率、原球茎诱导率、原球茎增殖系数、原球茎分化系数、生根率等，栽培管理方法可以移栽成活率为指标。

污染率＝污染的外植体数/接种总外植体数×100%

成活率＝成活的外植体数/接种总外植体数×100%

种子萌发率＝未污染种子萌发瓶数/已接种未污染的总数

原球茎诱导率＝诱导出原球茎的瓶数/原球茎诱导总数×100%

原球茎增殖系数＝增殖后的有效原球茎总数/起始接种总数

原球茎分化系数＝分化后的有效丛芽总数/起始原球茎总数

生根率＝生根苗数/接种苗数×100%

移栽成活率＝存活苗数/移栽苗数×100%

任务 14-2　梵净山兰科植物的离体快繁——方案实施

【课前准备】

植物材料:兰科植物的采集及预处理。

仪器设备:超净工作台、带有无菌滤纸的接种盘、剪刀、镊子、酒精灯、小刷子、量筒、无菌滤纸、培养瓶、棉球、移液管(枪)。

试剂:75%酒精、1 mol/L 的 HCl 溶液、1 mol/L 的 NaOH 溶液、MS(VW)干粉培养基或培养基母液、生长调节剂母液、琼脂粉、蔗糖、消毒剂、无菌水、蒸馏水等。

【任务步骤】

1)布置任务

①根据任务 14-2 设计的实验方案进行操作,独立配制目的培养基。

②采集外植体并消毒,通过无菌操作方法,最终获得选定的实验材料的无菌材料。

2)任务目的

①掌握兰科植物各种外植体消毒的一般方法和无菌接种方法。

②培养独立开展组织培养相关科研和生产工作的能力。

3)方法和步骤

(1)实验前的准备

①培养基的配制及灭菌。

a.计算。

确定所需配制培养基的体积,再根据所设计的培养基配方分别计算配制该体积培养基所需要取的各种母液体积(母液法)(母液倍数同任务 2-1),或所需要称量的各组分干粉质量(干粉法)、生长调节剂体积(各生长调节剂母液浓度均为 100 mg/L)。

b.量取母液或称取药品(含可高温灭菌的激素)。

母液法:用烧杯量取为所配培养基总体积的 1/2 左右体积的蒸馏水,根据培养基配方所计算的量,用量筒分别量取各母液的量至烧杯中,称取蔗糖及除琼脂以外的其他药品并溶解在烧杯中。

干粉法:用烧杯量取为所配培养基总体积的 1/2 左右体积的蒸馏水,根据培养基配方所计算的量,称量各培养基组分、量取相应生长调节剂的量,称取蔗糖及除琼脂以外的其他药品并溶解在烧杯中。

c. 定容。

将烧杯中的各母液倒入容量瓶,烧杯应用蒸馏水洗 3 次以上,用蒸馏水定容到所需要的体积。

d. 熬煮。

将定容好的溶液倒入培养基煮锅中,加入琼脂粉熬煮,边煮边搅拌,加热至沸腾片刻,琼脂粉充分溶解即可。

e. 调节培养基的 pH 值。

用 pH 试纸测定,分别用 1 mol/L 的 NaOH 溶液、1 mol/L 的 HCl 溶液来调节所配制培养基的 pH 值,培养的材料不同,对培养基的 pH 值要求也不同。

f. 分装(每升分装 30 瓶)。

将配制并加热好的培养基分别装在事先洗净的培养瓶中,然后加盖盖好,贴上标签。注意检查瓶盖上的滤膜是否完好。

g. 灭菌。

在温度 121 ℃、压强 0.11 MPa 下持续灭菌 20 min。灭菌完成,待压强降为零后才能打开高压灭菌锅,取出灭菌好的培养基,冷却。

h. 培养基的保存。

将消过毒的培养基置于接种室或培养室中保存,不宜保存过久,最好两周内用完。

注:不能使用高温灭菌的生长调节剂种类需在培养基灭菌后再使用细菌过滤器添加,这种情况下对培养基先不进行分装,待灭菌完成、添加生长调节剂后再将培养基分装在已经灭菌的培养瓶中,整个操作过程要在超净工作台上完成。

②消毒剂的配制。

实验前提前一天配制所需消毒剂,根据消毒对象的数量粗略估计所需消毒剂的数量,不宜配制过多,以免造成浪费。含氯消毒剂需现配现用。

③无菌水及接种器具准备。

将蒸馏水或去离子水装入培养瓶或三角瓶中,所装容量不超过容器容积的 1/2,在温度 121 ℃、压强 0.11 MPa 下持续高压灭菌 30 min。

接种工具、接种盘等用废报纸包扎好后,在温度 121 ℃、压强 0.11 MPa 下持续高压灭菌 30 min(也可选择其他灭菌方法)。

④外植体的采集与预处理。

提前采集野外生长健壮、无明显病虫害的实验材料如枝条、果实、叶片等外植体,并进行预处理,将枝条切分成每段含 1 个节的茎段,对叶片进行切分,流水下冲洗 2 小时以上。果实不宜长时间用流水冲洗,保持果皮完整,用酒精擦拭表面后直接放在超净工作台上进行消毒处理。

对野外生长的兰科植物预处理时,先用洗衣粉或肥皂水浸泡 30 min,随后用流水冲洗。

(2)无菌区内操作

①接种操作。

a. 接种前的准备。

打开紫外线灯照射 30 min,同时开启超净工作台无菌风开关,紫外线灯关闭约 20 min 后方可进接种室工作。用 75% 酒精棉球擦净双手和超净工作台。接种前先点燃酒精灯,镊子和剪刀都要先浸泡在 75% 酒精中。提前将需要接种的培养基用 75% 酒精棉球擦拭后摆放在超净工作台上。

b. 外植体消毒。

将剪好备用的实验材料如茎段或叶片等在超净工作台上用 75% 酒精涮洗 30 ~ 60 s,无菌水冲洗 3 ~ 5 次,再用实验方案中的消毒剂浸泡一定的时间梯度(根据实验方案操作),消毒过程中不断晃动容器以使材料充分接触消毒剂。将材料以无菌水冲洗 3 ~ 5 次,置于无菌滤纸上吸干表面水分,将被消毒剂浸泡的组织用无菌接种工具剪除后待接种。

如外植体为种子,将果荚表面用 75% 酒精消毒 30 s,再以 0.1% 升汞溶液消毒 10 ~ 15 min,或用其他消毒剂处理(根据实验方案操作),最后用无菌水冲洗 5 次,用无菌滤纸吸干水分,用解剖刀切开果荚,加入适量的蒸馏水,将种子制成悬浮液。

c. 接种。

如外植体为茎段或叶片,用在酒精灯火焰上灼烧并冷却后的镊子取出处理好的植物材料,迅速打开培养瓶瓶口,将材料接种至培养基内,保持切口处接触培养基。为了避免交叉污染,每瓶培养基中只接种 1 个茎段或叶片。在酒精灯火焰旁盖上瓶盖,完成接种操作。用记号笔在瓶体上写明培养基编号、接种日期、接种材料和接种人。

如外植体为种子,用无菌的移液枪吸取种子悬浮液移入培养基中培养,每瓶培养基取 0.2 ~ 0.5 mL,轻轻转动培养瓶,使种子悬浮液在培养基中分布均匀,完成接种工作。

也可以用解剖刀将蒴果纵向劈开,使种子可以倒出,用镊子夹住蒴果,将种子轻轻抖动入少量无菌水中,用无菌针管将种子接种于诱导培养基上,或直接播撒于培养基上。

②培养。

除种子外,其他外植体在 25±2 ℃ 的培养室内培养,光照强度为 2 000 ~ 3 000 lx,每天光照时间为 12 h。

以种子为外植体,在 25±2 ℃ 的培养室内暗培养一段时间直至种子萌发,待种子萌发后进行光照培养,光照强度为 2 000 ~ 3 000 lx,每天光照时间为 12 h。

③驯化移栽。

a. 驯化炼苗移栽的方法。

常规炼苗方法:培养室自然光照—温室开盖炼苗—洗净培养基—移栽到已消毒的基质中—阴凉通风处培养。

b. 移栽基质及管理。

根据所选植物的生态习性,选择与原生境相似的基质和栽培条件。

④观察记录。

培养 3 ~ 7 天后统计污染率并记录,每隔 10 天对培养情况进行拍照,并观察外植体是否有变化、发生何种变化等;培养 30 天后统计各指标;生根培养 30 天后统计生根率,移栽 30 天后统计移栽成活率。

污染率=污染的外植体数/接种总外植体数×100%

成活率=成活的外植体数/接种总外植体数×100%

种子萌发率=未污染种子萌发瓶数/已接种未污染的总数×100%

原球茎诱导率=诱导出原球茎的瓶数/原球茎诱导总数×100%

原球茎增殖系数=增殖后的有效原球茎总数/起始接种总数

原球茎分化系数=分化后的有效丛芽总数/起始原球茎总数

生根率=生根苗数/接种苗数×100%

移栽成活率=存活苗数/移栽苗数×100% 。

（3）实验总结

根据污染情况、成活率等统计分析得到用消毒剂消毒的最佳时间；根据原球茎诱导、增殖及分化情况统计分析得到适宜原球茎诱导、增殖及分化的最佳培养基；根据生根率推理得到最佳生根培养基；通过移栽成活率得到适宜的移栽基质。综上可构建兰科植物的离体快繁体系。

按示例的形式撰写实验报告，每人一份，并提交图片（不少于6张），实验报告包括实验材料母株、操作过程与实验结果。要求参考文献不少于5篇[例：火焰兰杂交种的胚培养和离体繁殖（曾宋君等，2005年），如图4-6所示。]

1 植物名称 火焰兰杂交种（*Renanthera coccinea* × *R. imschootiana*）。

2 材料类别 种子。

3 培养条件 种子萌发培养基：(1)VW；(2)VW+椰子乳 100 mL·L⁻¹；(3)KC；(4)KC+椰子乳 100 mL·L⁻¹；(5)VW+椰子乳 100 mL·L⁻¹+活性炭 2 g·L⁻¹；(6)1/2 MS+椰子乳 100 mL·L⁻¹。叶片离体培养基：(7)VW+2,4-D 1.0 mg·L⁻¹（单位下同）+6-BA 2.5+NAA 0.2；(8)VW+2,4-D 2.0+6-BA 5.0+NAA 0.5。原球茎继代增殖：(9)花宝1号 1.5 g·L⁻¹+花宝2号 1.5 g·L⁻¹+椰子乳 100 mL·L⁻¹+6-BA 1.0+NAA 1.0；(10)VW+椰子乳 100 mL·L⁻¹+6-BA 1.0+NAA 1.0。生根壮苗培养基：(11) 花宝1号 3 g·L⁻¹+蛋白胨 2 g·L⁻¹+活性炭 2 g·L⁻¹+NAA 0.5+6-BA 0.2；(12) 花宝1号 1 g·L⁻¹+花宝2号 1 g·L⁻¹+蛋白胨 2 g·L⁻¹+活性炭 2 g·L⁻¹+NAA 0.5+6-BA 0.2。以上培养基均加1.5%蔗糖、0.6%琼脂，pH 5.2~5.4，培养温度(25±2)℃，光照度1 500~2 000 lx，光照时间 12 h·d⁻¹。

4 生长与分化情况

4.1 材料的无菌处理 将云南火焰兰（*R. imschootiana*）的花粉人工授粉至火焰兰（*R. coccinea*）的柱头上，150 d左右蒴果成熟，经自来水洗净后，用70%的酒精表面消毒30 s，再以0.1%的升汞溶液消毒15 min，最后用无菌水冲洗5次。将洗净的蒴果置灭菌滤纸上吸干水分，用解剖刀切开蒴果，将种子散落到培养基上。

4.2 种子萌发 接种到培养基(1)-(6)上的种子，暗培养10~20 d后，均可见白色原球茎突破种皮；转入光下培养，1周后原球茎转绿，5周后原球茎上端发芽。培养基(1)、(3)、(5)上的萌发率相差不大，都在60%左右；培养基(2)、(4)、(6)上的萌发率达70%以上，萌发速度和生长速度比培养基(1)、(3)、(5)快。萌发后原球茎在(2)、(5)中长势最好，(2)中生长较快，(5)中原球茎粗壮。生产中可根据需要选择培养基(2)或(5)。

4.3 叶片诱导原球茎培养 切下种子萌发形成的实生苗的幼叶培养在培养基(7)、(8)中。50 d左右，(8)中叶片切口形成原球茎，(7)中65 d左右形成原球茎。原球茎在(9)、(10)中均能继代增殖，(9)的效果比(10)略好，40 d左右增殖倍率可达到3。

4.4 壮苗和生根培养 将种子萌发和叶片初代培养诱导的原球茎及小苗在培养基(1)-(6)上进行出芽和壮苗培养，培养基(1)、(3)上原球茎形成植株，不能增殖，小苗长高；(2)、(4)、(5)、(6)上原球茎能够增殖并形成小苗，(5)的增殖效果最好，30 d左右能继代1次。将较大的无根小苗转入生根育苗培养基(11)、(12)上培养，生根率达100%。植株生长旺盛，8周后形成4-6 cm高的小苗，在培养基(11)上比(12)根系发达，但植株较小。生产中采用(12)作生根壮苗培养基为宜。

4.5 移栽 将培养瓶置于温棚中炼苗1周后，从培养瓶中取出生根苗，洗净附着的培养基，将白水苔用1 000倍多菌灵溶液浸泡1 h，挤干水分，包裹出瓶苗根部，种植于直径5 cm小盆中。保持适宜湿度，置于阴凉通风处栽培，其间不要浇水。2周后移入温棚栽培，进行正常水、肥、药管理，成活率可达100%。

5 意义与进展 火焰兰为兰科火焰兰属植物，我国仅有火焰兰、云南火焰兰、中华火焰兰3种，原产云南、海南等地区。附生于树上，花序自叶腋长出，着花可达10多朵或数十朵，花色艳丽，具很高的观赏价值，特别是云南火焰兰为CITES公约附录Ⅰ中的保护植物。我们试图用杂交育种和离体快繁方法，培育花色更艳丽、抗逆性强的花卉新品种，以充分利用我国的花卉资源。此两种火焰兰的杂交及种子的离体快繁未见报道。

收稿 2004-08-05 修定 2004-11-22

资助 中国科学院知识创新工程重要方向项目（kscx2-sw-319）、中国科学院华南植物所所长基金前沿项目（20023301）、广州市科技计划项目（2004J1-C0201）。

* 通讯作者（E-mail: duanj@scib.ac.cn,Tel: 020-37252978）。

图 4-6

【知识点】组织培养的注意事项

1) 外植体的选取

兰花的取材来源较广,其中以茎尖为外植体的较多,如万代兰、文心兰、石斛、卡特兰等。虽然茎尖是极好的外植体,但对母体的伤害较大,且茎尖的来源有限,所以也有以种子、胚、幼叶、花梗、花梗腋芽、根段等作为外植体的。商业上的观赏类兰花多为杂交种,胚培养会产生性状分离,难以获得整齐一致的试管苗,有些后代甚至会失去观赏价值,因此以繁殖优良品种为目的时,应以其他器官为外植体。利用根及幼叶作为外植体虽可减轻对母体的损伤,但诱导难度较大。

茎段包括块茎、球茎、鳞茎在内的幼茎切段,是组培快繁中常用的材料,且容易成功,变异较小,性状均一,繁殖速度快。不论以何种器官为外植体,兰花组织培养都可以通过这样的再生途径再生植株:外植体—原球茎—丛生原球茎—分化成苗。原球茎为兰科等少数植物专有,最初指兰花种子发芽过程中胀大的圆锥状胚,其本身可以增殖,以后能萌发出小植株。在兰花的组织培养中,从顶芽、侧芽组织和种子中萌发的植株器官都能诱导出类似原球茎的胚性组织。切割原球茎可以加速兰花的繁殖速度,但是不同的切割方式对兰花的增殖与分化有很大影响,原球茎体积过小会影响增殖系数。

茎尖是最早用于兰花快速繁殖的外植体,侧芽应用也相当广泛。但很多兰科植物没有分枝,用茎尖作外植体有可能丧失母株,一直以来少有报道。叶片作外植体既可减少对母株的伤害,取材又不受季节限制,是比较理想的外植体材料来源。研究显示蝴蝶兰全叶的组织培养效果比叶段好(张秀清等,1996年),并且幼叶中间部分原球茎形成比顶部和基部好,成年植株用叶基部较好。叶切段大小与诱导率直接相关,切段太小,则存活率低,以0.5 cm左右为最好(Intuwong,1975年)。叶片诱导原球茎虽能减少对母株的伤害,但其诱导系数低。

在自然条件下,兰花靠种子或分株繁殖。兰花的一个蒴果在自然条件下约能产生$10^4 \sim 10^6$粒种子,但由于其不具有发育完全的胚,种子很难自然萌发,需与真菌共生形成菌根才能正常萌发生长。随着进一步研究,人们发现大部分兰花种子可以通过无菌萌发的方式进行繁殖,先后有对蝴蝶兰、血叶兰、春兰、蕙兰、杏黄兜兰、铁皮石斛等利用蒴果进行无菌播种获得成功,得到无菌苗。这种方法简单易行,短期内可获得大量试管苗,但有性后代变异率高(除少数自花系列较稳定),难以形成品质划一的规模栽培。

2) 外植体的消毒与接种

(1)蒴果

取人工授粉后,成熟、保持新鲜且尚未开裂的蒴果,用洗洁精或洗衣粉溶液清洗蒴果表面,用75%酒精棉球轻轻擦拭果实表面,并用自来水冲洗。吸干果实表面水分,在无菌工作台上将果荚用无菌水冲洗,再用75%酒精消毒30~60 s,取出用无菌水冲洗后放到有效氯1%的次氯酸钠溶液中浸泡15~20 min(或将蒴果放入0.1%升汞溶液中消毒8~12 min),消毒过程中不断轻轻摇动烧杯以便消毒剂和蒴果充分接触,然后用无菌水冲洗5~6次,置于无菌滤纸上吸干

表面水分备用。用镊子夹着果荚在酒精灯火焰上快速地烘烤30 s,即完成消毒。

用解剖刀将蒴果纵向劈开,使种子可以倒出,用镊子夹住蒴果,将种子轻轻抖动进少量无菌水中,用无菌针管将种子接种于诱导培养基上。或将消毒好的果荚放入无菌培养皿中,用无菌剪刀将果荚剪成两段,用无菌镊子夹着其中一段果荚,将种子播撒于种子萌发培养基(固培/液培)表面。

(2)枝条、花梗等

剪取兰科植物未开花的粗壮的枝条、花梗等,用流水冲洗30 min,转入超净工作台上用75%酒精浸泡30~60 s,接着用0.1%升汞(加吐温)消毒10~15 min,取出后用无菌水冲洗5~6次,置于无菌滤纸上吸干表面水分,将花梗切成长约2 cm、带腋芽的切段。

(3)叶片

取盆栽植物的完整叶片,用自来水冲洗30 min,转入超净工作台上用0.1%升汞溶液浸泡10~20 min,或用1%次氯酸钠溶液浸泡15~20 min,然后在无菌条件下用无菌水冲洗5~6次,最后用无菌滤纸吸去叶片表面的水分,用解剖刀将叶片切成约1 cm×1 cm的小块作为外植体。

也可利用无菌苗,切取叶片作为外植体。

3)基本培养基

常用于兰科植物组织培养的基本培养基有GD、Heller、花宝(Hyponex,H)、KC、MS、R、RE、Thomale GD、VW等。其中用得最多的是MS培养基,在各个培养基方案中,MS组分的用量变化很大,从1倍至1/8倍(刘其府等,2012年;李秀玲等,2016年)不等。其次是花宝的使用,包括花宝1号、花宝2号、花宝16号和花宝26号,其中花宝1号、花宝2号的用量一般不超过3 g/L。也有花宝1号与花宝2号联合使用的,如黄玮婷等(2010年)在文山兜兰白变种壮苗培养研究中的应用。

原球茎诱导培养基中最常用的培养基为MS、1/2MS和KC等,也有使用G3培养基、B5培养基取得较好效果的。因此,不同的种类及品种适合的培养基不同,目的不同,培养基也不同。如原球茎的诱导与增殖培养常用MS培养基,而壮苗生根培养常用1/2MS和2/3MS培养基。

综合以上学者的研究可见,兰科植物不需要高浓度的离子成分,营养富集不一定利于植物生长,相反,以1/2MS甚至1/5MS培养基作为基本培养基较为适合,或者选用离子浓度较低的VW培养基或简单、方便的花宝系列。

4)激素及有机添加物

目前常使用的主要外源激素是生长素类如IAA、NAA等,细胞分裂素类如6-BA、ZT、KT等。对不同的兰花品种来说,在不同的生长发育阶段所需生长调节剂的量和种类不尽相同。如用铁皮石斛的种子作为外植体,在 $1/2 MS+6\text{-}BA_{1.0\ mg/L}+NAA_{0.2\ mg/L}+$ 土豆泥$_{50\ g/L}+$ 蔗糖$_{30\ g/L}$ 的培养基(任海虹等,2017年)上诱导原球茎的形成;原球茎增殖培养基为 $1/2MS + 6\text{-}BA_{2.0\ mg/L} + NAA_{0.12\ mg/L} + 2\%$ 蔗糖$+ 20\%$ 马铃薯提取液(张治国等,1992年),原球茎分化培养基为 $1/2MS+NAA_{0.15\ mg/L}+2\%$ 蔗糖$+20\%$ 马铃薯汁(林丛发等,2007年),壮苗生根培养基为 $MS+ NAA_{0.12\ mg/L}+10\%$ 土豆汁(郑志仁等,2008年)。

在兜兰属植物的种子萌发中,培养基1/5MS+椰乳适宜硬叶兜兰种子的萌发(丁长春等,

2011年),1/4MS+椰乳对于胼胝兜兰种子萌发效果最好(丁长春,2009年),1/2RE并添加椰粉、椰乳和香蕉泥的组合也有利于胼胝兜兰种子的萌发(周丽等,2010年),1/2MS+香蕉泥(王莲辉等,2008年)、1/4MS+NAA+椰乳(刘其府等,2012年)、1/4MS和1/2MS添加椰乳或蛋白胨(李秀玲等,2016年)均有利于同色兜兰种子的萌发。在兜兰属植物原球茎的增殖研究中,花宝1号+6-BA+NAA+椰乳组合有利于胼胝兜兰和麻栗坡兜兰原球茎的增殖分化(丁长春,2009年),1/2MS+6-BA+NAA+香蕉泥组合(王莲辉等,2008年)、1/4MS和1/2MS添加椰乳或蛋白胨有利于原球茎生长和分化(李秀玲等,2016年)。在兜兰属植物的壮苗生根研究中,花宝1号+NAA+香蕉泥有利于硬叶兜兰的壮苗生根(丁长春,2011年),花宝1号并添加椰乳(丁长春,2009年)、MS+NAA+6-BA+椰粉+香蕉泥(周丽等,2010年)有利于胼胝兜兰生根壮苗,1/2MS添加较低浓度IBA(王莲辉等,2008年)、1/4MS+花宝1号+花宝2号+蛋白胨+香蕉泥+土豆汁(李秀玲等,2016年)有利于同色兜兰的壮苗生根。

综上可见,2,4-D在整个诱导、分化过程中应用较少,常用的有6-BA和NAA。有些天然附加物如椰汁、椰乳、土豆汁、香蕉泥在原球茎的诱导分化中起着不可替代的作用,也可用于壮苗生根培养。

5)褐化问题

褐化是指外植体在诱导脱分化或再分化过程中,自身的创口面发生变褐现象,同时向培养基中释放褐色物质,使培养基颜色转褐,并导致外植体变褐死亡。一般认为褐化的发生是由于植物组织中的酚类化合物被多酚氧化酶氧化,形成了褐色醌类物质,醌类物质扩散到培养基后,抑制了其他酶的活性,从而影响外植体的脱分化、再分化以及组培苗的生长。外植体在褐变过程中,细胞膜的完整性被破坏,细胞内出现黑色絮状物质,酚类物质含量增加,促进褐变。发生褐化时外植体向培养基中释放褐色物质,使培养基逐渐变成褐色,反过来抑制外植体生长,致其死亡。在兰花组织培养中,外植体的褐化是导致组织培养失败的主要原因。

在兰花组织培养中,材料的褐化往往是多种因素共同作用的结果,不仅与材料自身条件有关,还受供试培养基、培养条件、抗褐防褐剂等其他因素的影响。目前褐化问题还不能彻底解决,但可以采取一些措施防止褐化。

(1)选择适当的外植体

避免在野外直接取样,可将野外发现的具有优良性状的植株带回,进行人工培养后再取样。由于材料基因型的限制,应选取褐变较轻的植物种类或品种。在不同季节条件下外植体材料的酚类物质和多酚氧化酶的活性不同,应尽量在休眠期或春季取样,避免高温季节取样,同时在接种时选择机械损伤小的材料。

(2)对外植体进行预处理

材料的预处理包括消毒、冲洗、热烫(或热激)、抗褐防褐剂的浸泡等。消毒剂的种类、浓度、处理时间及方式影响外植体的褐化,在材料处理前或消毒后反复用水冲洗,可洗掉体外的部分酚类物质,减轻外植体的褐化。用热激处理来降低褐化的方法已在很多植物上取得了成功,也可成为控制兰花褐变的一种新方法。材料在接种到培养基之前,先用抗褐防褐剂浸泡,可减轻醌类物质的毒害,获得较好的防褐效果。

(3)合适的培养基和培养条件

不同兰花种类适宜的基本培养基有差异,国兰中的春兰以无机盐浓度较低的为宜,而蕙兰、

寒兰应采用无机盐浓度高的培养基。采用液体培养或纸桥液体培养时,通过伤口溢出的醌类等毒害物质可以快速扩散,从而减轻对供试材料的伤害,减轻褐化。植物生长调节剂的种类也会影响褐化,一般情况下生长素类如 NAA 和 2,4-D 可减轻褐化。培养初期适当的暗培养可减轻褐化,但暗培养处理时间过长,又会加重褐化。不同的温度、酸碱度条件下,培养物释放的褐化物质不同,如蝴蝶兰在温度为 20 ℃、pH 值为 6.5 时释放的褐化物质最少(赵伶俐等,2006 年)。

(4)添加抗褐防褐剂

在培养基中加入抗褐防褐剂,在兰花组织培养中已比较普遍,使用较多的有柠檬酸、抗坏血酸、PVP 和活性炭,其中聚乙烯吡咯烷酮的吸附性具有专一性,在不同植物体内的防褐效果差异较大,这可能是由于不同植物体内存在的酚类物质存在差异。活性炭作为一种无机吸附剂,具有非专一性,其吸附作用是无选择性的,可同时吸附褐化物质和培养基中的其他成分,因此会对外植体的诱导分化产生一定的负面影响,使用时需格外注意用量,其超过一定的浓度将会抑制原球茎的增殖和分化。

(5)其他措施

频繁将外植体转入新鲜培养基中可减轻褐化,提高外植体的分化率和组织培养成活率。在转接过程中及时切除褐变部分也可减轻褐化对外植体造成的伤害。

对于不同植物种类和品种,采取的防褐化方法不尽相同,具体措施需要结合前人的研究成果以及选用的植物种类综合考量。

6)试管苗的移栽

(1)气生兰

驯化遵循的原则是将组培苗逐渐过渡到温室环境,再到室外栽培环境。将准备移栽的试管苗先放在培养室接受自然光照 2～3 天,然后于温室开盖炼苗 2～3 天;也可以直接置于温室中开盖炼苗一周左右。洗净试管苗根部培养基后,将其置于 0.2% 高锰酸钾溶液中浸泡几分钟,晾干水分,移栽到已消毒的基质中,置于阴凉处,移栽时可用灭菌的水苔包住小苗根部。移栽结束后用 2 000 倍多菌灵对小苗统一喷洒,两周一次,连续喷洒 3 次;第 1 周保持每天上午、下午 2 次喷雾增湿,第 2 周后每隔 1～3 天浇一次水,并且每 1～2 周施用 1 次均衡肥料(张伟等,2015 年)。

栽培基质以疏松透气、排水良好、不易发霉、无病菌和无害虫潜藏者为宜。移栽常用的基质有水苔、椰糠、砖块、碎石、果壳、蛇木、树皮等。基质使用前须灭菌处理。

(2)地生兰

移栽时组培瓶苗先不要开盖,应先移至自然光照下使其逐渐适应外界环境。一周后将小苗取出,洗净根部琼脂,在 0.2% 高锰酸钾溶液中浸泡几分钟后晾干水分,移栽到已消毒的透气基质中,置于阴凉处,浇透水,再用塑料薄膜覆盖,保持空气湿度在 70% 以上,置于温室中培养。其他栽培管理同气生兰。

栽培基质选用小颗粒兰石、泥炭+珍珠岩+蛭石、苔藓等。

【检测与应用】

1. 整理搜集地方兰科观赏植物名录。
2. 整理搜集兰科某属植物离体培养的研究现状及进展。
3. 假如已经成功获得大量无菌苗,通过哪些栽培管理措施可以提高幼苗的移栽成活率?

参考文献

[1] Intuwong O. Clonal propagation of Phalaenopsis by Shoot-tip Culture[J]. Amer Orchid Soc Bull, 1975, (93):893-895.

[2] 曾宋君,林丹妮,陈之林,等. 火焰兰杂交种的胚培养和离体快繁[J]. 植物生理学通讯,2005,41(03):345.

[3] 丁长春,李蕾,夏念和. 硬叶兜兰的无菌播种和试管成苗[J]. 北方园艺,2011(05):115-117.

[4] 丁长春. 胖胝兜兰的无菌播种和快速繁殖[J]. 文山师范高等专科学校学报,2009,22(04):108-109.

[5] 高天舒. 玉露(*Haworthia cooperi* var. *pilifera* M.B. Bayer)叶片离体再生研究[D]. 沈阳:沈阳农业大学,2018.

[6] 高越,王娅欣,孙涛,等. 毛玉露的组织培养与快速繁殖[J]. 生物学通报,2010,45(06):54-55.

[7] 郭生虎,朱永兴,关雅静. 百合科十二卷属玉露的组培快繁关键技术研究[J]. 中国农学通报,2016,32(34):85-89.

[8] 何佳越,刘天乐,余丽萍,等. 帝玉露的离体培养及快速繁殖技术研究[J]. 安徽农业科学,2017,45(08):148-150,160.

[9] 黄清俊,丁雨龙,谢维苏,等. 多肉植物吹雪松微型繁殖研究初报[J]. 江苏林业科技,2003(01):35-36.

[10] 黄玮婷,曾宋君. 文山兜兰白变种的无菌播种和试管成苗[J]. 植物生理学通讯,2010,46(10):1069-1070.

[11] 姜旭红,宋刚,张虎,等. 日本紫薇的组织培养与快速繁殖[J]. 植物生理学通讯,2004,40(06):707.

[12] 李建民,李福安,雷梅莉,等. 狭叶红景天的组织培养与快速繁殖[J]. 植物生理学通讯,2004,40(04):472.

[13] 李秀玲,黄昌艳,宋倩,等. 同色兜兰的非共生萌发与快速繁殖研究[J]. 植物科学学报,2016,34(01):127-134.

[14] 林丛发,钟爱清,林云斌,等. 铁皮石斛类原球茎增殖和分化的研究[J]. 江西农业学报,2007(01):84-86,91.

[15] 刘其府,傅燕艳,曾宋君,等. 同色兜兰种子非共生萌发试验[J]. 广东农业科学,2012,39(12):47-49.

［16］刘与明,张淑娟.珍稀多肉植物种质资源组培保存和快速繁殖技术［J］.园林科技, 2012(01):8-11.

［17］吕复兵,朱根发,陈明莉.芦荟的组织培养与快繁技术［J］.北方园艺,2000(04): 32-33.

［18］潘向军.生物过程优化的研究进展［J］.化工时刊,2006(03):54-57.

［19］任倩倩,张京伟,张英杰,等.十二卷属多肉植物的组培快繁研究进展［J］.安徽农业科学,2019,47(07):12-14.

［20］宋晓涛,沈萌,左志宇,等.十二卷属植物西山寿的组织培养与快速繁殖［J］.植物生理学通讯,2007(05):883-884.

［21］宋扬.百合胚的组织培养和快速繁殖技术［J］.生物技术世界,2014(07):33.

［22］苏瑞军,邹利娟,吴庆贵,等.瓦松愈伤组织诱导及植株再生［J］.中药材,2014,37(01):1-4.

［23］王莲辉,姜运力,余金勇,等.同色兜兰的组织培养与快速繁殖［J］.植物生理学通讯,2008,44(06):1171-1172.

［24］王紫珊,王广东,王雁.多肉植物白银寿"奇迹"的离体培养与快速繁殖［J］.基因组学与应用生物学,2014,33(06):1329-1335.

［25］张伟,乔保建,李冰冰,等.蝴蝶兰高效组培快繁及温室移栽技术［J］.江苏农业科学,2015,43(09):83-86.

［26］张晓艳,程云清.八宝景天的组织培养与快速繁殖［J］.吉林师范大学学报(自然科学版),2007(02):60-62.

［27］张秀清,王志武,刘玉敬,等.蝴蝶兰实生苗不同器官的离体培养［J］.植物学通报,1996,13(01):50,53.

［28］张治国,刘骅,王黎,等.铁皮石斛原球茎增殖的培养条件研究［J］.中草药,1992,23(08):431-433,448.

［29］赵伶俐,葛红,范崇辉,等.蝴蝶兰组培中 pH 和温度对外植体褐化的影响［J］.园艺学报,2006,33(06):1373-1376.

［30］郑志仁,朱建华,李新国,等.铁皮石斛的离体培养和快速繁殖［J］.上海农业学报,2008,24(01):19-23,137.

［31］周丽,邓克云,魏春杰.胼胝兜兰的组培快繁技术研究［J］.北方园艺,2010(24):154-156.